JN117797

# 里山の植物生態学

加藤　順・林　一六　著

全国農村教育協会

# Plant ecology of rural forests (satoyama) in Japan

**Jun Kato and Ichiroku Hayashi**

Zenkoku Noson Kyoiku Kyokai Publishing Co., Ltd.

# はじめに

この本は、身近な里山林について生態学的観点から解説している。例えば、里山林にはどんな樹種が生育していて、その林には１アール当たりどの位の量の木材があり、１年にどの位成長するのか、などということが述べられている。

草本の場合は草丈の成長は速い。５月に田植えした時は、くるぶしほどの高さだった稲が秋に稲刈りする時は腰のあたりまでの草丈になっている。樹木はどうだろう。近所にあるイチョウの木を見ていても、いつも同じ太さに見える。屋久島には縄文杉と呼ばれる大きなスギが生育していて、樹齢は2,000年以上とも言われ、幹の周囲は10m以上あるとされる。2,000年間で周囲が10mとすれば、平均して１年で５mmずつ周囲が伸びている計算になる。これでは成長の様子は気が付きにくい。そこで筆者等は、長野県上田市菅平や伊勢山、塩田平地籍、南牧村野辺山などでアカマツ、コナラ、ミズナラなどいわゆる里山に生育している樹種の直径を測定し、最も長い期間で31年にわたり測定を続けた。

近年、世界では温暖化を防ぐために、空気中に二酸化炭素が増加しないように努力している。樹木は光合成によって二酸化炭素を蓄積するので、年間でどの位二酸化炭素を吸収して、材木として蓄積するかを試算して、世界の環境問題に貢献することを目指している。

本書の構成は５章から成り立っているが、各章は独自のテーマを扱っているので、どの章からでも読むことができる。しかし、各章全体の基礎は１章に述べられている。里山林の保全と利用については主に５章で扱っている。

本書を書くに当たって、土壌呼吸についてのデータは、鞠子茂教授の未発表資料を使わせていただいた。また、樹木の測定に対しては、上田地球を楽しむ会の皆さんの助力をいただき、また、資料の一部を筑波大学山岳科学研究センター菅平実験所から提供いただいた。個人、各機関、団体のみなさんに厚く御礼を申し上げる。本書の発行に関して、全国農村教育協会元村廣司さんのお世話になった。厚く御礼申し上げる。

加藤　順・林　一六

2022年８月

目　次

1章　里山の植物群落　13
1節　群落の広がりと移り変わり　14
1.1.1　植物群落の分布　14
1.1.2　植物群落の遷移　16
2節　生態系としての里山　19

2章　アカマツ林、コナラ林、ミズナラ林の植生地理　21
1節　アカマツ林　22
2.1.1　アカマツ群落の種類組成と属組成　22
2.1.2　出現頻度上位9位までの属　26
コナラ属、ウルシ属、ツツジ属、スノキ属、モチノキ属、
ガマズミ属、スゲ属、サクラ属
2.1.3　数量的分析　37
2節　コナラ属4種を優占種とする群落の組成　40
2.2.1　各種の温度環境と群落の分類　40
2.2.2　コナラとミズナラ群落の比較　40
2.2.3　コナラ属4種が優占種となる群落の属組成　46
ミズナラ優占群落の属組成、コナラ優占群落の属組成、
アラカシ・シラカシ群落の属組成
2.2.4　アラカシ群落とシラカシ群落の比較　47
2.2.5　コナラ属落葉樹優占群落と常緑樹優占群落の属組成の比較　47
2.2.6　コナラ属4種が優占種となる群落の類似性への寄与する属　51

3章　アカマツ林の生態とミズナラ林への遷移　55
1節　アカマツ林の生態的特性　57
3.1.1　自己間引き　57
3.1.2　胸高直径（DBH）の成長　58

3.1.3　個体群の直径階分布　59
3.1.4　樹高の推定　59
3.1.5　個体の枠内分散状態の経年変化　61
3.1.6　個体密度と直径の関係　65
3.1.7　枯死個体の直径　66
2節　アカマツ林の物質生産　67
3.2.1　幹の直径と地上部乾燥重量の関係　67
3.2.2　地上部と地下部の比率　68
3.2.3　リター量と枯死木の蓄積　70
3.2.4　アカマツ林の土壌呼吸　71
3節　アカマツ林の構造とミズナラの定着　74
3.3.1　アカマツ林の群落組成　74
3.3.2　群落の階層構造　75
3.3.3　ミズナラの定着と成長　75
3.3.4　ミズナラ幼樹個体の生存率　80
3.3.5　ミズナラ幼樹の成長　81
3.3.6　長野県野辺山におけるミズナラの成長　82

4章　アカマツ林伐採跡地の植生回復とコナラ林への遷移　85
1節　上田市付近のアカマツ林　86
4.1.1　舞田地籍のアカマツ伐採跡地　86
4.1.2　舞田地籍のアカマツ林伐採跡地のコナラ　87
4.1.3　舞田地域におけるコナラ若木の成長　90
4.1.4　コナラ若木の樹高－直径関係　92
2節　コナラ属（コナラ、ミズナラ）林の地上部現存量の比較　94
4.2.1　舞田、伊勢山、長野県野辺山の成林したコナラ属林地上部現存量　94

5章　コナラ林の生態系　99
1節　里山の成長量　100
5.1.1　上田市伊勢山地籍の例　100
5.1.2　群落現存量の測定方法　101

5.1.3　コナラ群落の一次生産：長野県上田市での事例　104
5.1.4　群落の現存量と増加量　107
5.1.5　群落の個体群構造　110
2節　里山の利用　113
5.2.1　里山から電気を　113
5.2.2　気温変動に対する里山の緩和効果　114
5.2.3　癒しの場としての里山　116

引用および参考文献　119

索引　127

1

| 亜寒帯常緑針葉樹林 | 落葉広葉樹林 |
| --- | --- |
| 常緑広葉樹林 | 亜熱帯常緑広葉樹林 |

2　日本の森林帯（1 章 p.15）

3　長野県菅平で最も攪乱が強い場所（畑：左）とそこから群落遷移が進んだブナ極相林（右）（1 章 p.17）

図1.1　人が利用することで維持されている里山（1 章 p.13）

図4.2　上：(a) 上田舞田地籍のアカマツ伐採地跡実験（2012年 4 月）、下：(b) 上の場所を自然に放置た10年後の状態（2022年 5 月）（4 章 p.88）

図3.17　調査した菅平のアカマツ林、林内にはアカマツの若木は生育していないでミズナラの幼樹が生育している（3 章 p.74）

調査地のコナラ林（5 章 p.104）

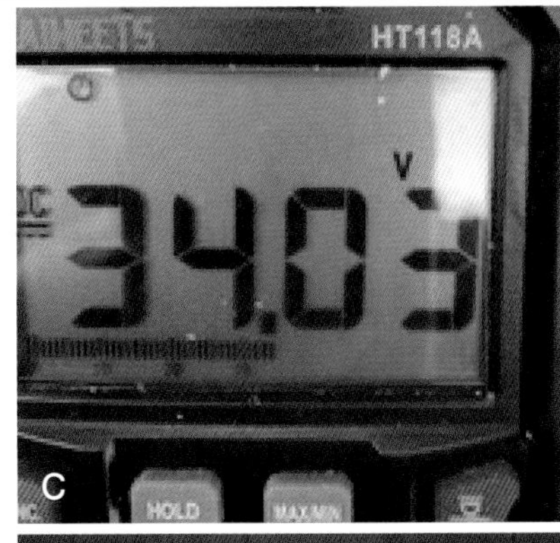


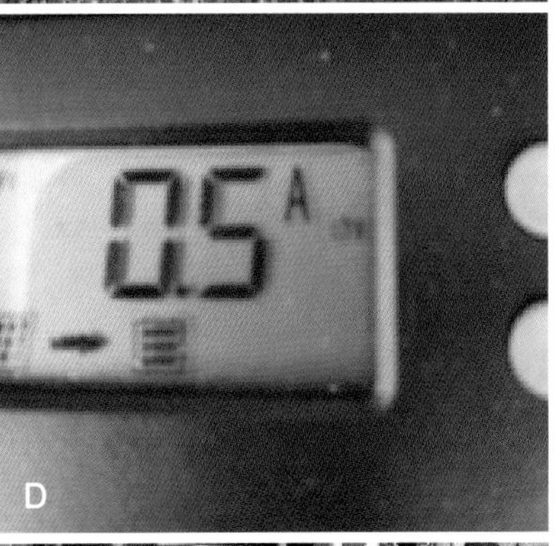


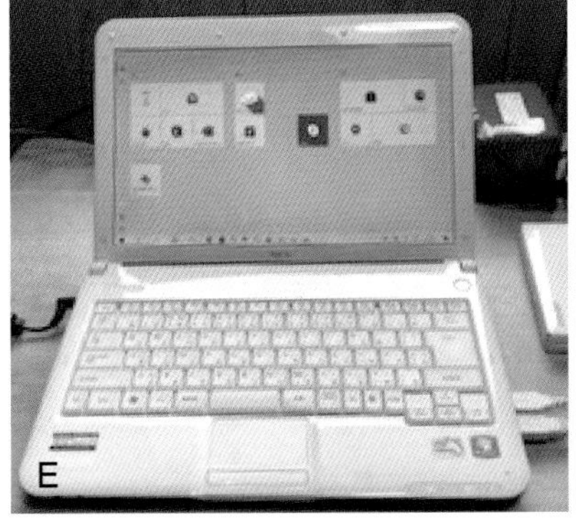

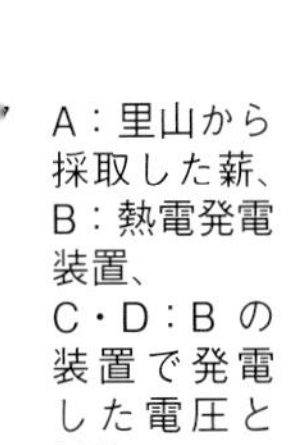

A：里山から採取した薪、B：熱電発電装置、C・D：B の装置で発電した電圧と電流、E・F：その電気で使用した家電（5 章 p.114）

図5.10　里山でみかける動物や植物たち、左上：カラスの巣、右上：シャガの花、左下：里山の木立、右
キジ（5章 p.117）

# 1章　里山の植物群落

里山林は、手付かずの自然の林、一次林とは違い昔から人々の暮らしを支えてきた二次林である。昔はこの里山で薪をとり暖房や煮炊きのエネルギーに使ってきた。

図1.1　人が利用することで維持されている里山（口絵２にカラー写真）

現在でも、山菜やキノコなどを採取して生活に彩りを与えているし、忙しい現代人への精神的な癒しの場ともなっている。

# 1節　群落の広がりと移り変わり

## 1.1.1　植物群落の分布

日本で暮らしている人々にとって森や林は身近にあって不思議ではない。しかし、世界には、身近に森林はなく、見渡すかぎり草原が続く国に住んでいる人もいる。その人たちにとって森林は珍しいものである。地球の表面は約5億平方キロメートルあるが、およそ70%は海で、残りの30%が陸地である。その陸地もアマゾンのような熱帯林もあれば、ユーラシア大陸、南、北米大陸の中奥部などは草原地帯もあり、また、アフリカやオーストラリア大陸中央部、ユーラシア大陸中央部などは砂漠地帯となっている。このように、地球の植生分布はとても不均一で、その原因は主に温度と降水量の分布が不均一であることによると考えられている。気候条件の分布と植生の分布は対応しているのである。

気候条件では、年平均気温が5℃以上で、降水量が年平均で800ミリメートル以上ある地域が森林の成立する地域となっている。しかし、亜寒帯常緑針葉樹林といわれる森林は年平均気温0℃、降水量300mm程度でも森林になると言われている。それ以外の気候条件では森林の成立は見られないで草原や砂漠となる。日本は降水量にめぐまれ、温度も国全体で森林が発達する環境にある。そのため、日本列島は潜在的に北海道から南西諸島まで森で被われていた。それが、人間の歴史が始まり、人間活動によって、開発が進み現在のような自然状態になった。

それでは、日本列島に人が暮らすようになる以前はどんな植生が分布していたのであろうか。植物生態学によれば地域の気候に応じて大きく四つの植生帯に被われていたと考えられている。北から北海道東北部の亜寒帯常緑針葉樹林帯、東北地方を中心にして落葉広葉樹林帯、西南日本の常緑広葉樹林帯、沖縄の亜熱帯常緑広葉樹林帯である（図1.2)。その地帯の植物群落を作る、一番優勢な種類、優占種と呼ばれる樹木はトドマツ、エゾマツ、ブナ、シイノキ、イタジイで、それらの種類が優占する群落が全土を被っていたと考えられている。そして上に述べた種類の群落を極相群落または一次林という。一次林は原始林ともいう。二次林は一次林に何らかの人為が加えられた後に成立した森林のこ

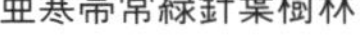

亜寒帯常緑針葉樹林

落葉広葉樹林

常緑広葉樹林

亜熱帯常緑広葉樹林

図1.2　日本の森林帯（口絵1にカラー写真）

とをいうので里山は大部分が二次林である。気温と極相群落分布の大まかな対応では1年で、月平均気温10℃以上の月が5ヶ月以下の地域はエゾマツが、6から7ヶ月の地域はブナが、8ヶ月から9ヶ月以上がスダジイ、イタジイ林となるとされている。このような経緯度に対応した群落の水平分布に対して高山など標高に対応した分布を垂直的分布という。

植物群落とは、複数の種類の植物集団（個体群）が一緒に混じり合って、ある場所（立地）を占めている状態をいい、植物生態学では基本的な用語である。このような種類の混在は環境によってその種類の組み合わせが変化する。例えば、冷温帯では低地帯から山地帯まではブナ群落が、その上の亜高山帯にシラビソ群落が成立し、さらに高標高は森林限界となりその上部に森林はできない。このように群落の水平的、垂直的分布は群落の空間分布現象を表した言葉である。

### 1.1.2 植物群落の遷移

一方、植物群落は火山の爆発、山崩れなどで裸地になった立地にも自然にでき上がり、それが時間の経過につれて草原を経て極相といわれる林にまで発達する。このように自然状態に置かれた群落が時間とともに、ある群落から別の群落に変化する現象を「植物群落の遷移」という。新しい火山灰地のように土壌中に植物の種子が含まれていない立地から始まる遷移を「一次遷移」という。また、極相への発達途中の群落が人為によって撹乱された後に、撹乱から時間の経過とともに自然に回復して森林ができ上がる。この過程を「二次遷移」という。現在では、極相林群落が狩猟、農耕、工業活動などによって切り開かれ、耕作地が広がり、工場や、街並みができている。しかし、現代でも全土がそれらの人工物によって被われているわけではない。場所によって、森や草原、耕作地の雑草群落が残っている。特に、市街地の近くにあって人の生活に利用されてきた森や林がある。この森林を、極相林に対して二次林というが、里山は多くの場合この二次林からなっている。

このような群落景観の成立は時間の経過とともに自然に起こる場合と、人為作用の強さとによってさまざまな群落ができる場合がある。私たちが見ている場所は、緯度、経度、標高および撹乱からの時間が指定されると、そこにどんな群落ができるかを予測することができる。例えば、観察と実験が比較的よく行われている冷温帯の例では、図1.3の上側の写真のような耕作地跡から遷移が始まるとすると、1年目には一年生草本が優占し、2年目以降は越年生草本(ヒメムカシヨモギなど)、広葉多年生草本(ヨモギなど)、イネ科多年生草本(ススキなど)、低木(ヤナギ類など)、風散布型高木(アカマツ、シラカンバなど)、動物散布型高木(ミズナラなど)、極相種(ブナ)(図1.3の下側)という順序で遷移が進む。その間に八つの優占群落が交代する。もし、各四つの気候帯で、それぞれ八つの遷移段階の群落遷移があるとし、スギ、ヒノキ、カラマツ林などの人工林を除くと日本列島には、4気候帯かける8段階で32種類の優占群落が存在することになる。もし、私たちが日本列島を旅行すると、人工林以外でこの32群落のどれかを目にすることになるだろう。

図1.3　長野県菅平で最も撹乱が強い場所（畑：上）とそこから群落遷移が進んだブナ極相林（下）（口絵1にカラー写真）

ところで、植物群落は上で述べたような優占種1種類からできているのではない。多くの植物種類がこの優占種と一緒に生育していて、いろいろな種類が群落を構成している。しかも、群落は環境に対応したある特有な植物種の組み合わせをもっている。例えば、アカマツ群落はヤマウルシ、ヤマツツジ、コナラ群落ではガマズミの仲間などその群落固有の種類の組み合わせをもっているように見える。しかし、別の面から見ると、それぞれの種類は物理環境の傾度、例えば温度、降水量、土壌などの傾度に従って分布していてそれが偶然重なった状態が群落を作っているという見方もある。前者を群落の分布に対する群落単位説と言い、後者を連続体説（Whittaker, 1975）と言う。群落についてのこの二つの見方によってさまざまな研究分野が発達し、前者では特に植物社会学（Bran-Blanquet, 1964）という分野が発達した。

# 2節　生態系としての里山

森林群落は、成立している場所、樹木の種類、常緑か落葉かなどの生育の形（生活型）に関係なく物理化学的な一つのシステムとして作動するという面をもっている。

例えば、一定の面積に存在する植物集団に着目すると、植物の光合成によって、定面積当たり1年間に一定の量のセルロースやデンプンなどのような化学物質を生産し、その生産物を葉や幹、根、種子に分配し、次の世代を作る。そして、葉や枝は落枝、落葉として秋に放出し、その落葉を土壌中の微生物が二酸化炭素（炭酸ガス）と水にまで分解する。そして残りの無機成分を植物が再び吸収するという活動をする。剰余のセルロースは樹木の幹や根などに蓄積される。この植物の生理作用は太陽から来る光、すなわち電磁波エネルギーを用い地中の水分と空気中の二酸化炭素から化学合成によってなされる。すなわち、物質は系内を循環し、エネルギーは流れるのである。群落を構成する種類とは関係なくすべての群落はこのような作用を行う。このシステムを生態系といい、森林だけでなく草原も海中のプランクトン群集でも同じである。植物が存在するところはどこでもこのシステムが作動する。これは生態系生態学（Odum, 1971）という分野を形成している。森林群落を見る場合この視点からの見方が応用生態学的に有益である。例えば、里山林一定面積当たりどの位の二酸化炭素（炭酸ガス）を大気中から吸収するか。また、太陽からの光エネルギーをどの位固定し、幹や枝に蓄えるかを知ることができる。これは、現代の環境問題を考える上で大切なことであろう。しかし、このシステムは工学的なシステムとは基本的に異なる面をもっている。それはシステムを構成する植物自体が自己増殖する生命体であることである。

この里山の生態系については5章で詳しく述べる。

こうして、里山は人々の生活に深く関わっていることがわかる。

図1.4　長野県上田市付近の里山

# 2章　アカマツ林、コナラ林、ミズナラ林の植生地理

表記の三つの群落はわが国での代表的な里山林である。本章ではこれらの群落の種類組成と温度環境の関係を分析する。温度を重視したのは、植物分布を定める条件は雨量と気温であるが、日本はモンスーン地帯にあるので雨量は十分にあって生育の規制要因は温度環境であるのが理由である。

植物群落は成立している立地空間の環境と立地の時間経過によって群落を構成する種類組成が大きく変わる。前者は分布として、後者は遷移として認識できる。立地の時間経過は、火山噴火物の堆積地とか、湖水の干上がった場所で起こる一次遷移と、いったん植物群落ができている場所への人の撹乱によって起こる二次遷移が区別されている。

本章では、主に分布を扱い、3章において時間につれての変化（遷移）の分析を述べる。

# 1節　アカマツ林

## 2.1.1　アカマツ群落の種類組成と属組成

吉岡（1958）は全国のアカマツ林170地点を調査し､その種類組成を報告した。ここでは、吉岡が調べた170地点の群落の種類組成を検討し、その中から、ヤマウルシ（*Toxicodendron trichocarpum*）とヤマハゼ（*T. sylvestre*）を選んで、その分布を比較した。同じ属の二つの種類を比較して、温度と両者の分布の関係を検討することによって、植物群落の種類組成と温度との関係を検討した。

両種のうち、どちらかの種が生息している119地点を図2.1にプロットした。この図によると、アカマツが優占している林でどちらの種も生息していないのは170地点中51地点、ヤマウルシだけが生息するのは91地点、ヤマハゼだけは28地点であった。両種とも混在して生息している地点はなかった。

図2.1によると、アカマツ林の成立する地域では冷涼な地域にはヤマウルシ、より温暖な地点にはヤマハゼというはっきりした分布の違いがあることを示している。このことから、アカマツ群落は林床にヤマウルシやヤマハゼを欠く群落と、ヤマウルシのみを持つ群落、ヤマハゼのみを持つ群落の三つの群落に分けられることがわかる。後者の二つの群落は温度環境による違いである。

これと同じような現象を沼田（1966）はススキの優占している草原で報告していた。彼は、エゾヤマハギ（*Lespedeza bicolor*）、ヤマハギ（*L. b.* var. *japonica*）、ビッチュウヤマハギ（*L. kiusiana*）、マルバハギ（*L. cyrtobotrya*）、ツクシハギ（*L. retusa*）のような種は草地植生の構成員として、二次遷移の特定の「段階にでる」“遷移系列における同位種（seral equivalent）”として、これらをヤマハギ上種（*L. bicolor* supersp.）として扱うことを提案した。これら二つの研究は属を単位として群落組成を分析すれば、植物群落について種類を単位とした結果と異なった新しい知見が得られることを示唆している。

すなわち、アカマツ群落の構成種の中で同じ属の二つの種類が異なる温度環境条件のもとで同一の生態的地位を占めることがわかる。空間的な温度環境の違いは暖かさの指数（温量指数：WI）（吉良, 1948）を用いて階級ごとの属の出現頻度で表した。日本全国のアカマツ林の群落組成は吉岡（1958）のデータ

図2.1　アカマツ群落調査地点のうちヤマウルシ（□）だけが生息する91地点、ヤマハゼ（●）だけが生息する28地点の分布図

を用いアカマツが優占種の群落だけに限って扱った。

それぞれの調査地に生育している種について、その被度や群度に関わらず存在している「1」か、否「0」かの二値化したデータに変換した。学名ならびに和名はAPG（Angiosperm Phylogeny Group）Ⅰ（米倉・梶田，2003）に準じた。

温量指数（暖かさの指数：WI）は次のように計算した（吉良，1948）。ある月（$i$ 月）の平均気温 $ti$（℃）について、その月の $ti$ から5を引いた値がプラスの場合、その月だけ（$ti-5$）を合算した。すなわち、

$$WI = \Sigma_{ti-5>0}(ti-5) \qquad (2.1.1)$$

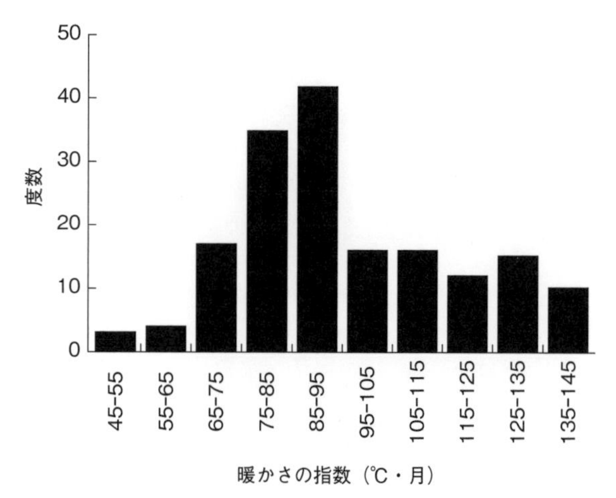

図2.2　アカマツ群落組成の調査地点の WI ヒストグラム

調査地点の WI は、最も近いアメダス測定地点（気象庁，2001）のものとして、標高の違いは、気温低減率100m 当たり0.55℃を用いて計算した数値を代用した（吉野，1986）。各属や各種の出現頻度 Frequency（%）は、次のように算出した。Step 1：調査したアカマツ林調査地の WI のヒストグラムを描いた。Step 2：それぞれの属や種の各 WI 階級に出現する度数 $f$ を調査地の度数 $f\_Pinus$（調査地数）に対する比を出現頻度（Frequency：F）として、次式で求めた：

$$F = (f/f\_Pinus) \times 100 \tag{2.1.2}$$

170の調査地点について WI のヒストグラムを図2.2に示した。これによるとアカマツ林が成立するのは温量指数45～145℃・月の間で、全体の45%は75～95℃・月の間にあった。次項で出現頻度を属別に解説するに当たり、低階級の WI は、45～65℃・月と度数の少ない二つの階級を合併した。

表2.1　出現する属と平均の出現頻度（%）

| | 属 | 出現頻度 |
|---|---|---|
| *Quercus* | コナラ属 | 82.3 |
| *Toxicodendron* | ウルシ属 | 76.5 |
| *Rhododendron* | ツツジ属 | 75.4 |
| *Miscanthus* | ススキ属 | 72.6 |

| | | |
|---|---|---|
| *Vaccinium* | スノキ属 | 65.2 |
| *Ilex* | モチノキ属 | 58.4 |
| *Viburnum* | ガマズミ属 | 57.1 |
| *Carex* | スゲ属 | 54.6 |
| *Cerasus* | サクラ属 | 52.2 |
| *Eurya* | ヒサカキ属 | 49.9 |
| *Castanea* | クリ属 | 43.7 |
| *Acer* | カエデ属 | 43.4 |
| *Lespedeza* | ハギ属 | 42.3 |
| *Pteridium* | ワラビ属 | 39.4 |
| *Fraxinus* | トネリコ属 | 38.7 |
| *Lyonia* | ネジキ属 | 37.6 |
| *Pleioblastus* | メダケ属 | 37.1 |
| *Solidago* | アキノキリンソウ属 | 34.9 |
| *Calamagrostis* | ヤマアワ属 | 34.2 |
| *Clethra* | リョウブ属 | 34.0 |
| *Euonymus* | ニシキギ属 | 28.0 |
| *Aria* | アズキナシ属 | 27.6 |
| *Styrax* | エゴノキ属 | 26.0 |
| *Symplocos* | ハイノキ属 | 25.8 |
| *Ardisia* | ヤブコウジ属 | 25.1 |
| *Artemisia* | ヨモギ属 | 24.9 |
| *Sasa* | ササ属 | 24.3 |
| *Callicarpa* | ムラサキシキブ属 | 23.6 |
| *Juniperus* | ネズミサシ属 | 23.0 |
| *Cornus* | ミズキ属 | 23.0 |
| *Padus* | ウワミズザクラ属 | 22.5 |
| *Disporum* | チゴユリ属 | 22.2 |
| *Hydrangea* | アジサイ属 | 20.8 |
| *Blechnum* | ヒリュウシダ属 | 20.8 |
| *Dicranopteris* | コシダ属 | 20.7 |
| *Ophiopogon* | ジャノヒゲ属 | 20.6 |
| *Kalopanax* | ハリギリ属 | 20.5 |
| *Spodiopogon* | オオアブラススキ属 | 20.4 |
| *Camellia* | ツバキ属 | 20.0 |
| *Magnolia* | モクレン属 | 19.6 |

### 2.1.2　出現頻度上位9位までの属

全国のアカマツ林に出現した属は全部で365属あり、種数は644種であった。また各WI階級の出現頻度を平均したものの高い方から40属を表2.1に示した。

上位9属は、コナラ属 *Quercus*、ウルシ属 *Toxicodendron*、ツツジ属 *Rhododendron*、ススキ属 *Miscanthus*、スノキ属 *Vaccinium*、モチノキ属 *Ilex*、ガマズミ属 *Viburnum*、スゲ属 *Carex*、サクラ属 *Cerasus* で、それぞれの出現頻度は50%以上だった。そのうちコナラ属は82.3%であった。それぞれの属のWI階級内の出現頻度のヒストグラムを図2.3に示した。コナラ属 *Quercus*、ウルシ属 *Toxicodendron*、ツツジ属 *Rhododendron*、ススキ属 *Miscanthus* はどのWI階級でも50%以上の出現頻度だった。一方、スノキ属 *Vaccinium*、モチノキ属 *Ilex*、ガマズミ属 *Viburnum*、サクラ属 *Cerasus* はどのWI階級でも25%以上の出現頻度だった。スゲ属 *Carex* は、135～145のWI階級で出現頻度が0%だった。すなわち、スゲ属の種類は暖かい地域のアカマツ林では生育していないことを示している。

その属内の種が各WIの階級においてどのように出現するかを個別の属ごとに見ていく。

**コナラ属**

上位1位のコナラ属 *Quercus* の種の分布と温度の関係は、図2.4のとおりである。

コナラ属 *Quercus* の各種は平均出現頻度順に、コナラ（*Q. serrata*）70.6%、ミズナラ（*Q. crispula*）24.7%、アラカシ（*Q. glauca*）21.4%、クヌギ（*Q. acutissima*）15.4%、ウラジロガシ（*Q. salicina*）8.5%、カシワ（*Q. dentata*）8.5%、アカガシ（*Q. acuta*）5.0%、アベマキ（*Q. variabilis*）4.8%、ウバメガシ（*Q. phillyreoides*）2.2%、シラカシ（*Q. myrsinifolia*）1.6%であった。コナラはすべてのWI階級で40%以上の出現頻度を維持し、ミズナラは、寒冷な方で出現し、アラカシとクヌギが、温暖な方で出現した（図2.4）。

**ウルシ属**

2位のウルシ属 *Toxicodendron* は、ヤマウルシ（*T. trichocarpum*）45.4%とヤマハゼ（*T. sylvestre*）24.3%とツル性のツタウルシ（*T. orientale*）18.9%が構成していて、温暖な方にヤマハゼが出現し、ヤマハゼの空白部分の寒冷な方にヤマウルシが出現し全体の出現頻度を保っていた（図2.5）。

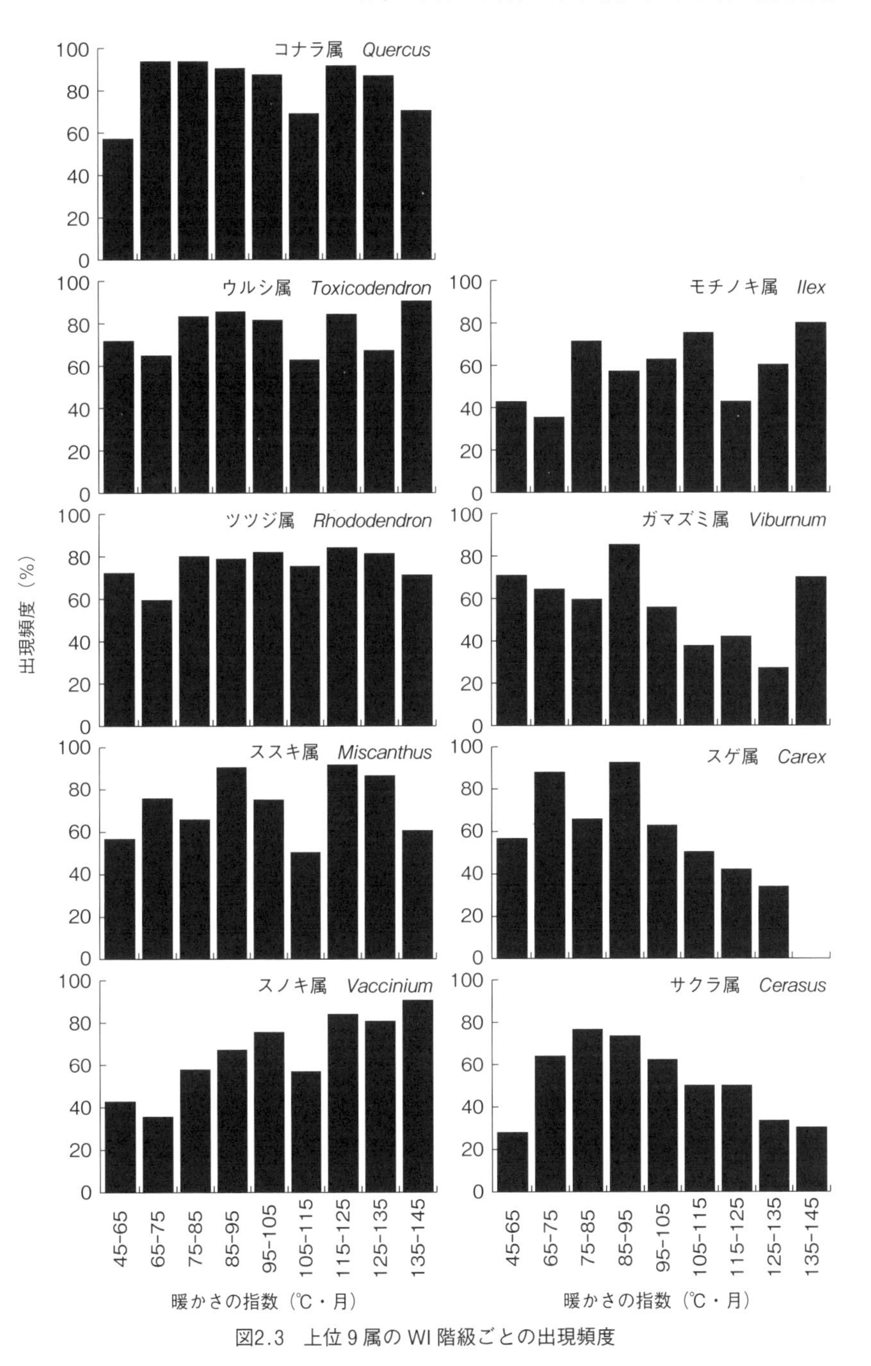


図2.3　上位9属のWI階級ごとの出現頻度

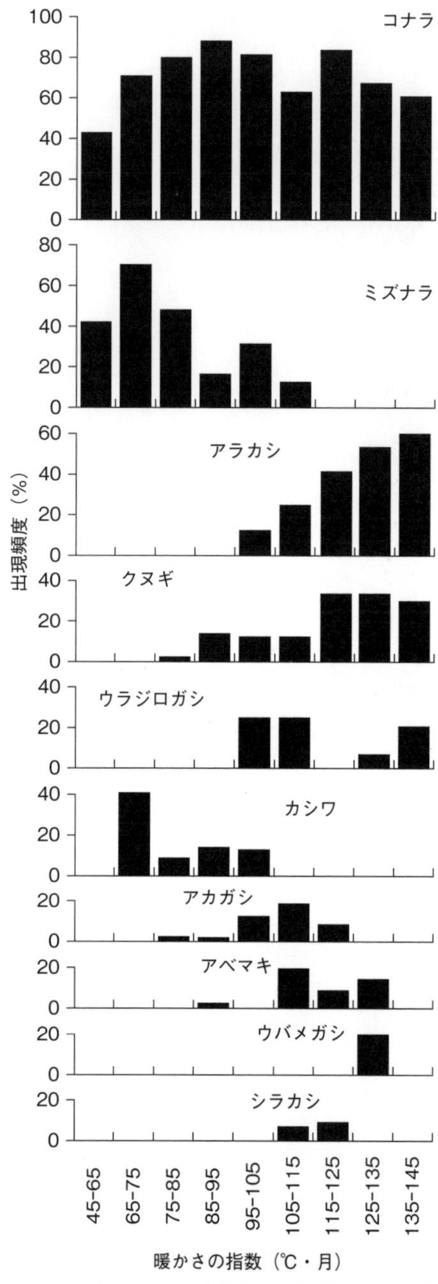


図2.4　コナラ属 *Quercus* 各種の WI 階級ごとの出現頻度

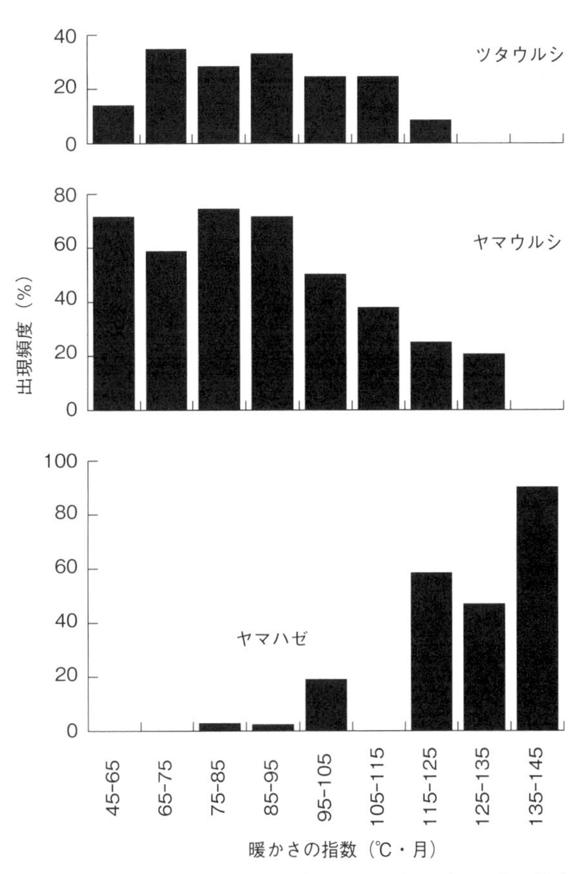


図2.5　ウルシ属 *Toxicodendron* 各種の WI 階級ごとの出現頻度

## ツツジ属

3位のツツジ属 *Rhododendron* は、ヤマツツジ（*R. kaempferi* var. *kaempferi*）43.4%、レンゲツツジ（*R. molle* subsp. *japonicum*）21.0%、ミツバツツジ（*R. dilatatum* var. *dilatatum*）14.7%、モチツツジ（*R. macrosepalum*）14.4%、ミヤマキリシマ（*R. kiusianum*）6.3%、バイカツツジ（*R. semibarbatum*）3.8%、コバノミツバツツジ（*R. reticulatum*）3.4%、シロバナシャクナゲ（*R. brachycarpum*）3.2%、ムラサキヤシオツツジ（*R. albrechtii*）2.2%、トウゴクミツバツツジ（*R. wadanum*）1.3%、オンツツジ（*R. weyrichii*）0.7%、ウンゼンツツジ（*R. serpyllifolium* var. *serpyllifolium*）0.7%、キリシマツツジ（*R.* x *obtusum*）0.3%、シャクナゲ（*R.*

*japonoheptamerum* var. *hondoense*）0.3%が出現した（図2.6）。

ヤマツツジがほぼ全WI階級に出現し、寒冷な方でレンゲツツジ、温暖な方でミツバツツジ、モチツツジ、ミヤマキリシマが出現した。4位のススキ属*Miscanthus*は、構成しているのがススキだけであった（図2.3参照）。

**スノキ属**

5位のスノキ属*Vaccinium*は、アクシバ（*Va. japonicum*）28.8%、ナツハゼ（*Va. oldhamii*）27.3%、シャシャンボ（*Va. bracteatum*）26.7%、コケモモ（*Va. vitis-idaea*）3.27%、クロマメノキ（*Va. uliginosum* var. *japonicum*）1.6%、カクミスノキ（*Va. hirtum* var. *motosukeanum*）1.4%、スノキ（*Va. smallii* var. *glabrum*）0.9%、ツルコケモモ（*Va. oxycoccos*）0.3%、ケウスノキ（*Va. hirtum* f. *lasiocarpum*）0.3%が出現した。温暖な方をシャシャンボ、そのほかの地域をアクシバとナツハゼで補った（図2.7）。

**モチノキ属**

6位のモチノキ属*Ilex*では、イヌツゲ（*I. crenata* var. *crenata*）34.3%、アオハダ（*I. macropoda*）18.6%、ソヨゴ（*I. pedunculosa*）12.0%、ナナメノキ（*I. chinensis*）10.3%、モチノキ（*I. integra*）7.6%、ウメモドキ（*I. serrata*）4.6%、ヒメモチ（*I. leucoclada*）2.2%、クロソヨゴ（*I. sugerokii* var. *sugerokii*）1.1%、アカミノイヌツゲ（*I. sugerokii* var. *brevipedunculata*）1.0%が出現した。温暖な方にナナメノキが出現し、中間地帯にイヌツゲ、アオハダ、ソヨゴが出現した（図2.8）

**ガマズミ属**

7位のガマズミ属*Viburnum*では、ガマズミ（*Vi. dilatatum*）33.6%、ミヤマガマズミ（*Vi. wrightii*）15.9%、コバノガマズミ（*Vi. erosum*）10.4%、ムシカリ（*Vi. furcatum*）8.3%、ハクサンボク（*Vi. japonicum*）5.5%、オトコヨウゾメ（*Vi. phlebotrichum*）3%、カンボク（*Vi. opulus* var. *sargentii*）1.6%、ゴマギ（*Vi. sieboldii*）0.6%、チョウジガマズミ（*Vi. carlesii* var. *bitchiuense*）0.3%が出現した。温暖な方をコバノガマズミ、寒冷な方をミヤマガマズミとムシカリ、中央をガマズミが占めた（図2.9）。

**スゲ属**

8位のスゲ属*Carex*では、ヒカゲスゲ（*Ca. lanceolata*）27.2%、ホソバヒカゲスゲ（*Ca. humilis* var. *nana*）20.3%、タガネソウ（*Ca. siderosticta*）14.0%、カンスゲ（*Ca. morrowii*）4.4%、テキリスゲ（*Ca. kiotensis*）4.2%、

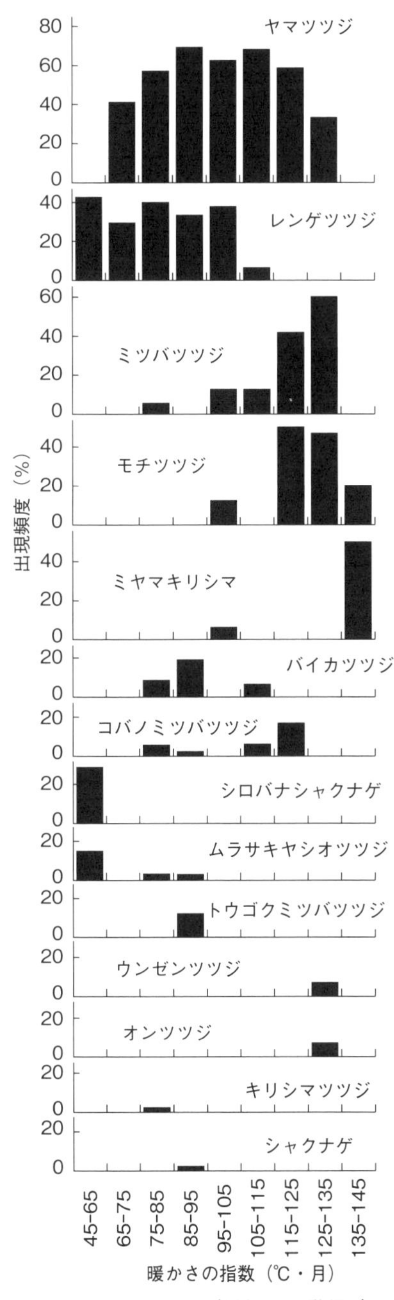


図2.6　ツツジ属 *Rhododendron* 各種の WI 階級ごとの出現頻度

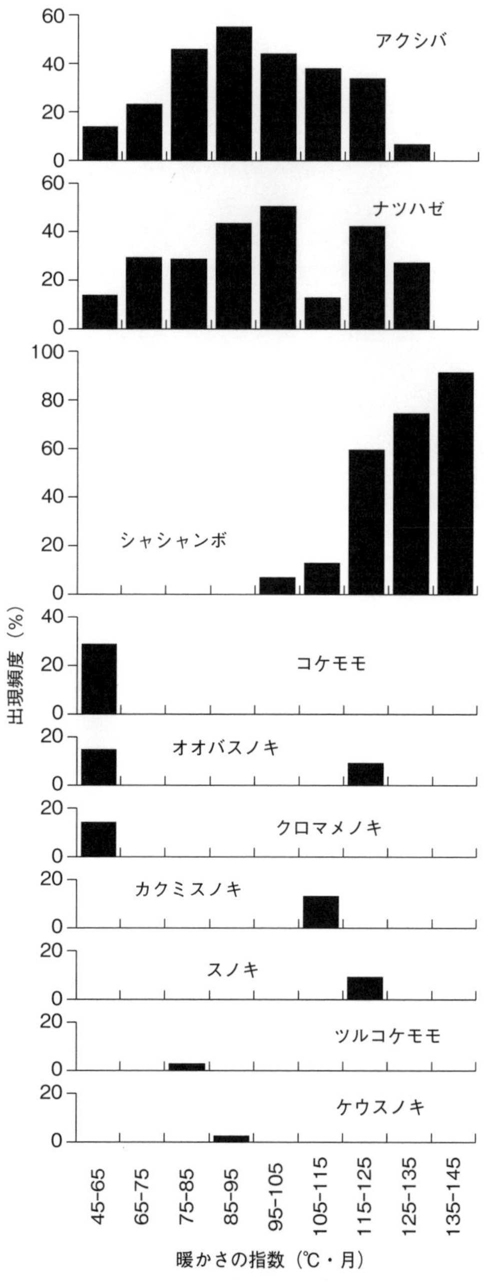


図2.7　スノキ属 *Vaccinium* 各種の WI 階級ごとの出現頻度

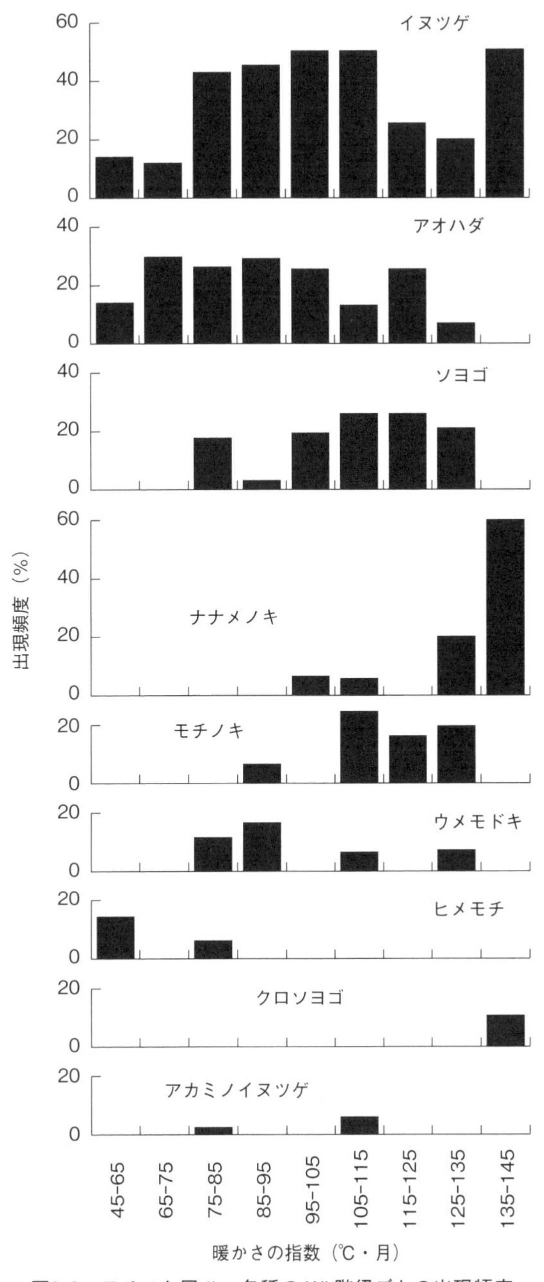


図2.8　モチノキ属 *Ilex* 各種の WI 階級ごとの出現頻度

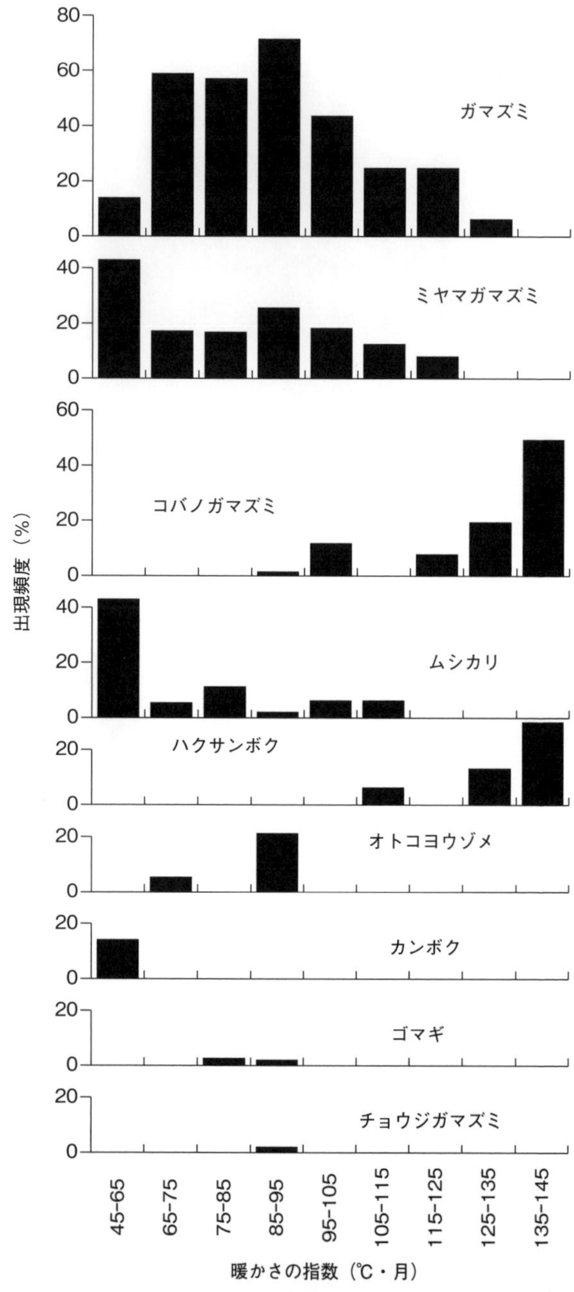


図2.9　ガマズミ属 *Viburnum* 各種の WI 階級ごとの出現頻度

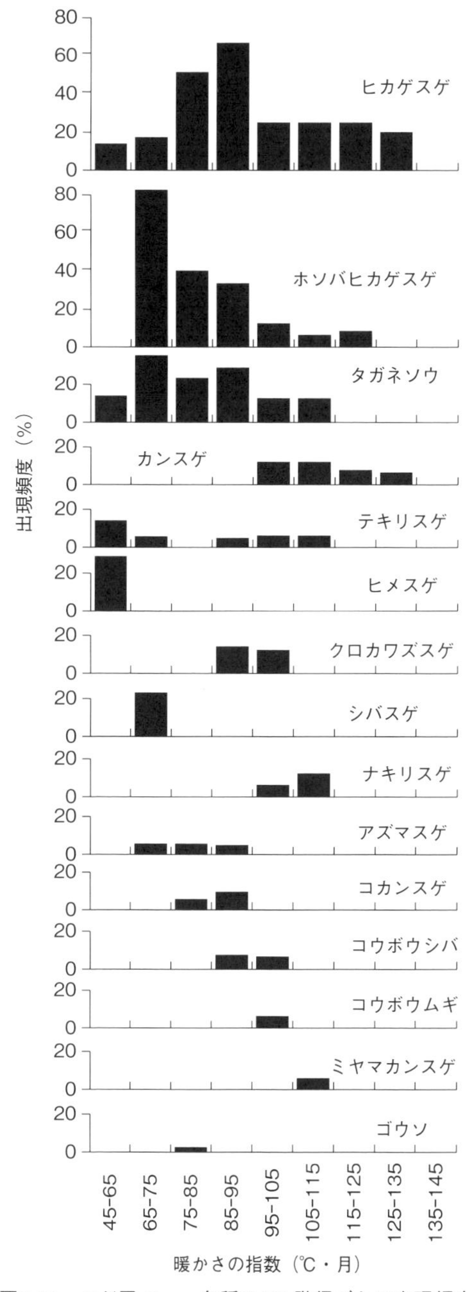


図2.10　スゲ属 *Carex* 各種の WI 階級ごとの出現頻度

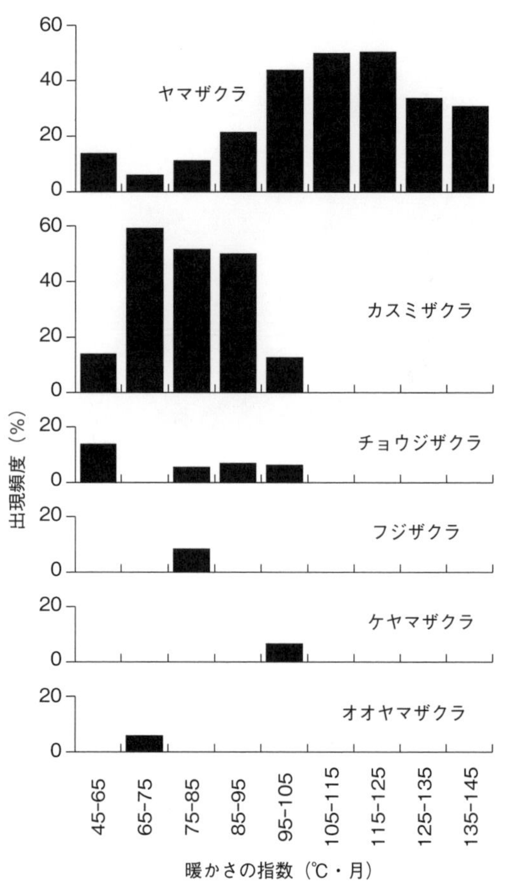

図2.11　サクラ属 *Cerasus* 各種の WI 階級ごとの出現頻度

ヒメスゲ（*Ca. oxyandra*）3.2%、クロカワズスゲ（*Ca. arenicola*）3.0%、シバスゲ（*Ca. nervata*）2.6%、ナキリスゲ（*Ca. lenta* var. *lenta*）2.1%、アズマスゲ（*Ca. lasiolepis*）1.8%、コカンスゲ（*Ca. reinii*）1.7%、コウボウシバ（*Ca. pumila*）1.5%、コウボウムギ（*Ca. kobomugi*）0.7%、ミヤマカンスゲ（*Ca. multifolia*）0.7%、ゴウソ（*Ca. maximowiczii*）0.3%が出現した。タガネソウ、ヒカゲスゲ、ホソバヒカゲスゲが寒冷な方に出現したが、温暖な方では空白部だった（図2.10）。

**サクラ属**

9位のサクラ属 *Cerasus* では、ヤマザクラ（*Ce. jamasakura*）28.9%、カス

ミザクラ（*Ce. leveillean*）20.8%、チョウジザクラ（*Ce. apetala* var. *tetsuyae*）3.7%、フジザクラ（*Ce. incisa* var. *incisa*）1％、オオヤマザクラ（*Ce. sargentii*）0.7%、ケヤマザクラ（*Ce. leveilleana*）0.7%が出現した。温暖な方をヤマザクラ、寒冷な方をカスミザクラが占めた（図2.11）。

以上が吉岡（1958）の分析の結果である。

### 2.1.3　数量的分析

アカマツ優占種スタンドのWI階級ごとの群落組成の類似性に寄与する属について、次の手順で分析した。

Step 1：群落組成の類似度を比較するときに、van der Maarel *et al.*（1978）の類似度指数（Similarity ratio：SR）を用いた。優占種Xのスタンド群落組成と優占種Yのスタンド群落組成の類似度指数は、次式で求めた：

$$sr(X, Y) = \Sigma\{X(i) \times Y(i)\} / [\Sigma X(i)^2 + \Sigma Y(i)^2 - \Sigma\{X(i) \times Y(i)\}] \quad (2.1.3)$$

ここでsr(X, Y）はSR、X($i$）とY($i$）はそれぞれ、群落XとYの$i$番目の要素の量である。

**コラム**

式2.1.3の計算例を次に示す。優占種Xの属組成がコナラ属30%、ウルシ属10%、優占種Yの属組成がコナラ属15%、ウルシ属5％であるとする。$Xi^2$は、30の2乗で900、10の2乗で100と算出する。$Yi^2$も同様に算出する。Xi×Yiは30×15で450と計算する。それぞれの合計をΣの欄の示すように計算する。式2.1.3に合わせてそれぞれの数値を代入するとsrが0.67と求まる。

| | 優占種X | 優占種Y |
|---|---|---|
| コナラ属 | 30 | 15 |
| ウルシ属 | 10 | 5 |

| | $Xi^2$ | $Yi^2$ | Xi×Yi |
|---|---|---|---|
| | 900 | 225 | 450 |
| | 100 | 25 | 50 |
| | | | |
| Σ | 1000 | 250 | 500 |
| sr | 500/(1000＋250－500)＝0.67 | | |

Step 2：アカマツを優占種とする群落は、9個の温量指数（WI）階級から構成されていた。それぞれのWI階級内の構成する属とその出現頻度をもって

ひとつの群落とみたてると、WIが小さい方（寒い方）から順番にP1、P2、………、P9の9個の小群落から構成されていることになる。

Step3：P1、P2、………、P9の9個の小群落から2個の小群落P1とP2を取り出し、sr(P1, P2）を計算した。同様に、9個の小群落から2個取り出す組み合わせは、36通りあるので、それらのsr(P*s*, P*t*)を計算した。36個のSR類似度指数の平均0.525、最大0.827、最小0.229だった。

アカマツ優占種群落の類似度指数（SR）に大きな影響を及ぼしている属の決定は、次のとおり行った。sr(P*s*, P*t*)を算出するとき、$n$番目の属を省いたときの値sr2(P*s*, P*t*, $n$)を求めた。sr(P*s*, P*t*)からsr2(P*s*, P*t*, $n$)を減じたものを、$n$番目の属によるSRへの寄与を表す値とした。この値がプラスであれば、$n$番目の属は、二つの群落組成の類似性を増大させることに寄与していたことになる。一方、その値がマイナスになれば、類似性を減少させることに寄与していたことになる。それゆえ、群落組成を構成するすべての属に対して次式で求めた：

$$\mathrm{Delta}(s, t, n) = \mathrm{sr}(\mathrm{P}s, \mathrm{P}t) - \mathrm{sr2}(\mathrm{P}s, \mathrm{P}t, n) \qquad (2.1.4)$$

$s$と$t$の組み合わせは、36通りあるので次式ですべての組み合わせによる値を平均した（表2.2）：

$$\mathrm{Delta\_all}(n) = \{\Sigma s, t\ \mathrm{Delta}(s, t, n)\}/36 \qquad (2.1.5)$$

類似性へのプラスの寄与が大きい上位4属のコナラ属*Quercus*、ツツジ属*Rhododendron*、ウルシ属*Toxicodendron*、ススキ属*Miscanthus*などはどのWI階級でも50%以上の出現頻度を保っていて、恒常的に出現する属であることを示唆している。閾値を何パーセントにするかによってこの属の数は変動するが、恒常的に出現する属が存在することを示していて、それらはアカマツ優占種群落に固有性をもたらす属であることを示唆している。またマイナスの寄与をする上位5属のうち、コシダ属*Dicranopteris*、クスノキ属*Cinnamomum*は寒冷なWI階級には出現せず、オケラ属*Atractylodes*は、中間的なWI階級の一部にしか出現せず、さらにカバノキ属*Betula*、ソバカズラ属*Fallopia*は、WI階級に対して不規則な出現の仕方をしている。これらの状態は、アカマツ群落に偏在性をもたらす属であることを示唆している。

結論として、この報告では、アカマツの群落組成についてどの温度環境にも常に当該の属が出現頻度を保つ仕組みを示せたことと、コナラ属*Quercus*、ツツジ属*Rhododendron*、ウルシ属*Toxicodendron*、ススキ属*Miscanthus*などがどの温度環境にも常に存在する固有性や温度環境によって出現頻度の違いが大きい偏在性を示せたことになる。

表2.2　アカマツ優占種群落のWI階級ごとの小群落の類似性に大きな影響を与える属とその出現頻度（%）

| | プラスの寄与 大←　→小 | | | | | マイナスの寄与 小←　→大 | | | | |
|---|---|---|---|---|---|---|---|---|---|---|
| WI階級 | *Quercus* コナラ属 | *Rhododendron* ツツジ属 | *Toxicodendron* ウルシ属 | *Miscanthus* ススキ属 | *Vaccinium* スノキ属 | *Fallopia* ソバカズラ属 | *Betula* カバノキ属 | *Atractylodes* オケラ属 | *Cinnamomum* クスノキ属 | *Dicranopteris* コシダ属 |
| 45～65 | 57 | 71 | 71 | 57 | 43 | 71 | 71 | 0 | 0 | 0 |
| 65～75 | 94 | 59 | 65 | 76 | 35 | 6 | 35 | 47 | 0 | 0 |
| 75～85 | 94 | 80 | 83 | 66 | 57 | 0 | 0 | 34 | 0 | 0 |
| 85～95 | 90 | 79 | 86 | 90 | 67 | 2 | 7 | 52 | 0 | 0 |
| 95～105 | 88 | 81 | 81 | 75 | 75 | 0 | 6 | 13 | 6 | 0 |
| 105～115 | 69 | 75 | 63 | 50 | 56 | 0 | 0 | 0 | 19 | 6 |
| 115～125 | 92 | 83 | 83 | 92 | 83 | 8 | 0 | 0 | 8 | 50 |
| 125～135 | 87 | 80 | 67 | 87 | 80 | 13 | 0 | 0 | 40 | 80 |
| 135～145 | 70 | 70 | 90 | 60 | 90 | 0 | 0 | 0 | 70 | 50 |
| Delta_all(n) | 0.0196 | 0.0174 | 0.0173 | 0.0141 | 0.0113 | −0.0023 | −0.0024 | −0.0025 | −0.0028 | −0.0051 |

# 2節　コナラ属4種を優占種とする群落の組成

ここで、コナラ属とはコナラ、ミズナラ、シラカシ、アラカシを含む分類学的意味での「属」にまとめられる種類の総称である。

ほとんどすべての自然の植物群落は、優占種と呼ばれる特定の種類で優占されている。例えば、アカマツ林やコナラ林などはアカマツやコナラが優占種で個体数や現存量がその群落で一番多い。そのため、私たちはある樹木の集団をアカマツ林、コナラ林などとその植物集団を優占種によって名前をつけることができるのである。アカマツ林とかコナラ林という名前はそれらの種類が優占していて相観的（見た目では）に他から区別できるから命名できる。そのため相観的に見ると、違った地域にあるコナラの林も同じに見える。しかし、それらの林には優占種だけでなくいろいろな種類が混じって生育している。それを群落構成種といい植物群落を特徴づけている。群落は地域が異なるとその地域の環境に応じて、さまざまな種類の植物が群落を構成している。その上、環境が類似な場所には類似の構成種の組み合わせが優占種と共存し群落を作る。このことは植物群落の重要な性質なのである。

そこで、この節では植物群落の構成種の類似性、異質性を検討しよう。

## 2.2.1　各種の温度環境と群落の分類

構成種の類似性を検討する前に、まず、コナラ属に属する4種が優占する群落がどの範囲の温度環境で生育するかをヒストグラムで示した（図2.12）。

ミズナラは暖かさの指数30～90（℃・月）と冷涼な地域に、シラカシとアラカシは80～145（℃・月）と温暖な地域に成立し、コナラはその中間に双方をまたいで存在した。この図はこれらの種がどの温度範囲を生育範囲としているかを示している。

## 2.2.2　コナラとミズナラ群落の比較

このことをふまえて、この節ではコナラ属4種を優占種とする立地（スタン

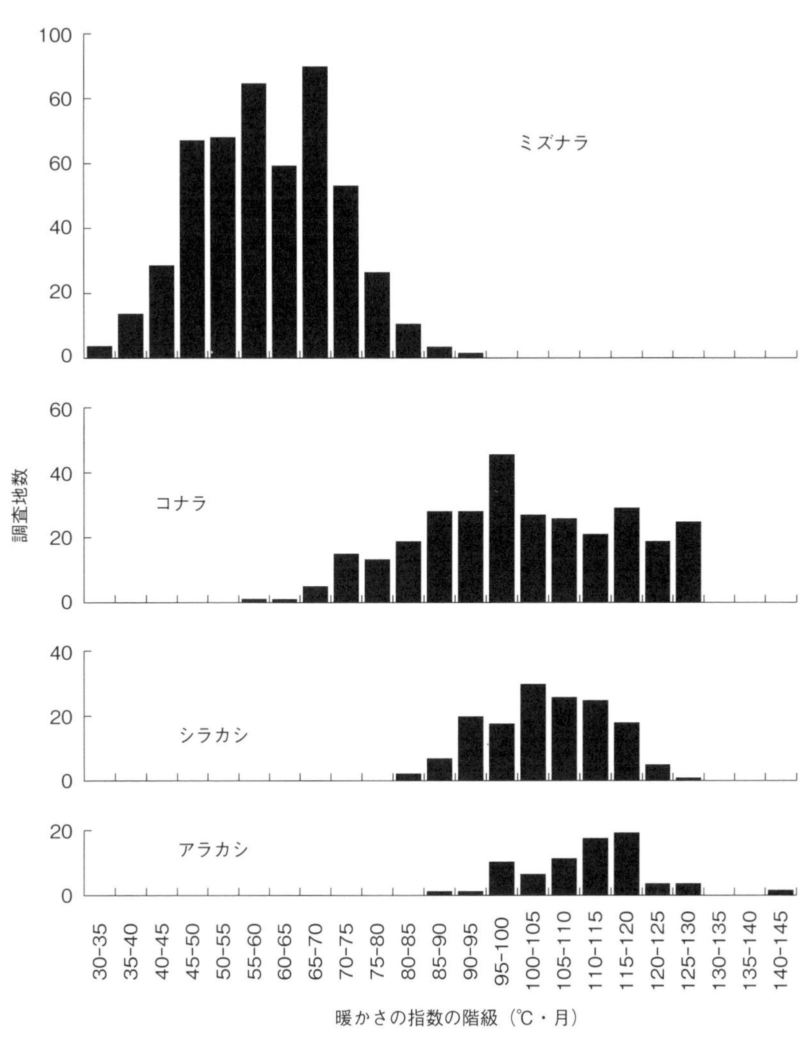


図2.12　コナラ属４種が優占種となる立地の暖かさの指数ヒストグラム

ド：群落が成立している場所）の群落の属組成について立地間の距離（DR）を用いて定量的な分析を試みた。群落間の距離（DR）とは群落を構成している種類の違いの程度を示す指数のことである。

例えば、ミズナラとコナラ群落構成種のうち、二つの群落に共通に生育している種類がどの程度かを示す数値である。この指標によって二つの異なる立地

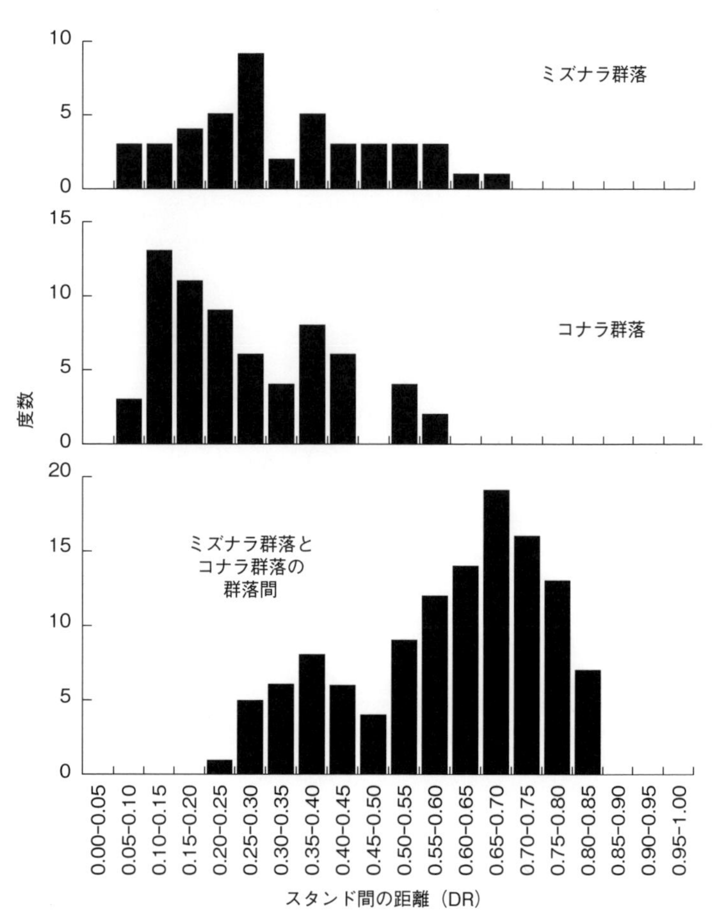

図2.13　ミズナラ、コナラ、ミズナラ・コナラ群落間のスタンド間の距離（DR）のヒストグラム

に成立する群落の構成種がどの位似ているかがわかる。すなわちコナラ属が優占すると、場所が異なっても一緒に生育できる種がどれほどあるかの指標となる（図2.13）。

この図を作るために、現在までに報告のある群落組成表の種を、その群落に生育していれば「1」そうでなければ「0」として2値化して、各種の属する「属」を単位として集計し、調査地ごとの属で示した。

群落組成の属によるスタンド間の距離（DR）は、van der Maarel *et al.* (1978) の類似度（SR）を用いて、伊藤（1977）が提案した次式で算出する：

$$DR = 1 - SR \tag{2.2.1}$$

計算の手順は、群落間の距離（DR）とその値に寄与する属の求め方を含めて49ページのコラムで詳しく述べる。

この距離は、０から１の間の値をとるが、０に近いほど二つの群落（スタンド）間の距離は近く、つまり双方は似かよった種類で構成されていることを示す。ミズナラ群落間どうしの間では、異なった立地間でも0.05から0.70（一番多い値は0.25～0.30)、コナラ群落間どうしの間は0.05から0.60（0.10～0.15）の間にあった。この数値はコナラ群落間の方が、立地が違っても構成種が似ていることを示している。一方、コナラ群落とミズナラ群落の間の距離を表す度合いは0.20から0.85（0.65～0.70）の間にあった。ミズナラ優占群落内（あるいはコナラ群落内）の群落どうしの距離のほうが、ミズナラ・コナラ群落間の距離よりも有意に短く、大きく異なっていることがわかる。これは、ミズナラ群落の属組成がコナラ群落のそれと比較して異なっていることを示している。これらの距離の値のヒストグラムを図2.13に示した。

またスタンド間の距離を近く（短く）するのに寄与した属は寄与の度合い順にウルシ属、ガマズミ属、スゲ属、距離を遠く（長く）するのに寄与した属は、ムラサキシキブ属、フジ属、カマツカ属になった。距離を近くするのに最も寄与したウルシ属をＹ軸に、遠くするのに最も寄与したムラサキシキブ属をＸ軸にして、各 WI 階級のミズナラ群落とコナラ群落をプロットすると図2.14のようになる。これを見るとミズナラ群落内の WI 階級ごとの群落どうしの距離とコナラ群落内の各群落どうしの距離はそれぞれ近い（短い）が、ミズナラ群落全体とコナラ群落全体の間の距離は遠い（長い）ことがわかる。

図2.14をつくるに当たって、ミズナラ、コナラ、シラカシ、アラカシの群落組成の検討は、次にあげた既存の文献を用いた：

ミズナラ
宮脇ほか，1978；Ishibashi, 1979；宮脇，1979；宮脇・佐々木，1980；宮脇ほか，1981, 1983b；武田ほか，1983。
コナラ
宮脇，1972；奥富，1975；宮脇，1979，1981，1982，1983，1984，1985，1987。
シラカシ
宮脇，1982，1983，1984，1985，1986。
アラカシ

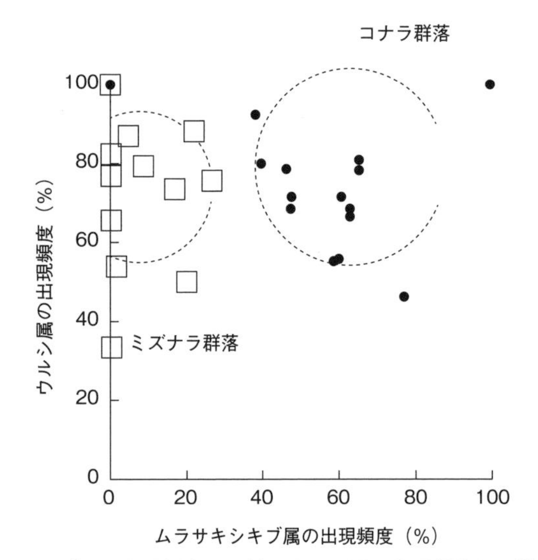


図2.14　ムラサキシキブ属の出現頻度をＸ軸、ウルシ属の出現頻度をＹ軸として、各 WI 階級のミズナラ群落（□）とコナラ群落（●）をプロットしたもの
点線は、ミズナラ群落とコナラ群落のそれぞれ点の重心からそれぞれの点までの平均の長さで円を描いたもの。二つの群落が左右ほぼ同じ高さ（Ｙ軸の数値の差が小さい）に並ぶことから、ウルシ属は、二つの群落が類似していることに寄与している。またＸ軸の数値が異なっていることからムラサキシキブ属は、二つの群落が異なっていることに寄与している。

宮脇ほか，1977；宮脇，1979，1982，1983；宮脇ほか，1983a；宮脇，1985；星ほか，1998。

表2.3　ミズナラ、コナラ、アラカシ、シラカシの４種が優占種のときの、各温度環境における上位10属の出現頻度（%）

| 優占種 | 属 | WI（℃・月） | | | |
|---|---|---|---|---|---|
| | | 30～60 | 60～80 | 80～100 | 100～150 |
| | カエデ属 | 92 | 88 | 79 | |
| | ガマズミ属 | 62 | 82 | 79 | |
| | スゲ属 | 69 | 64 | 86 | |
| ミズナラ | ウルシ属 | 76 | 77 | 50 | |
| | ササ属 | 77 | 70 | 50 | |
| | ニシキギ属 | 61 | 74 | 57 | |
| | アズキナシ属 | 54 | 68 | 57 | |

| | | | | | |
|---|---|---|---|---|---|
| | イワガラミ属 | 48 | 58 | 71 | |
| | モチノキ属 | 30 | 64 | 79 | |
| | アジサイ属 | 74 | 45 | 50 | |
| コナラ | ガマズミ属 | | 91 | 97 | 89 |
| | サルトリイバラ属 | | 76 | 85 | 84 |
| | ウルシ属 | | 88 | 75 | 65 |
| | サクラ属 | | 79 | 80 | 64 |
| | クロモジ属 | | 76 | 88 | 60 |
| | ツツジ属 | | 74 | 76 | 69 |
| | スゲ属 | | 79 | 73 | 63 |
| | カエデ属 | | 88 | 83 | 44 |
| | モチノキ属 | | 71 | 78 | 63 |
| | クリ属 | | 74 | 65 | 53 |
| アラカシ | テイカカズラ属 | | | 92 | 73 |
| | ジャノヒゲ属 | | | 75 | 83 |
| | オシダ属 | | | 83 | 67 |
| | ヤブコウジ属 | | | 83 | 55 |
| | ムラサキシキブ属 | | | 75 | 52 |
| | ヤブラン属 | | | 50 | 68 |
| | キヅタ属 | | | 33 | 77 |
| | イボタノキ属 | | | 42 | 67 |
| | アオキ属 | | | 33 | 73 |
| | ガマズミ属 | | | 58 | 42 |
| シラカシ | オシダ属 | | | 87 | 90 |
| | ツバキ属 | | | 89 | 87 |
| | ジャノヒゲ属 | | | 83 | 88 |
| | ヤブコウジ属 | | | 89 | 80 |
| | ヒサカキ属 | | | 70 | 87 |
| | アオキ属 | | | 72 | 81 |
| | モチノキ属 | | | 72 | 78 |
| | テイカカズラ属 | | | 72 | 66 |
| | キヅタ属 | | | 62 | 49 |
| | ムラサキシキブ属 | | | 55 | 54 |

### 2.2.3　コナラ属4種が優占種となる群落の属組成

表2.3にミズナラ群落、コナラ群落、アラカシ群落、シラカシ群落の各群落に出現する構成属の出現頻度を示してある。

**ミズナラ優占群落の属組成**

ミズナラが優占する複数の群落で共通の種は20属以上であった。そのうち、出現する頻度の高い属はカエデ属（出現頻度：86%）、ガマズミ属（74%）、スゲ属（73%）、ウルシ属（68%）、ササ属（66%）、アズキナシ属（60%）であった（表2.3）。これらの種類は前節の暖かさの指数ではいずれも温度の低い環境に生育していた。ミズナラ群落に高い出現頻度で生育する高木はアズキナシ属であった。

**コナラ優占群落の属組成**

コナラ優占群落の属の出現頻度の上位5属はガマズミ属（92%）、サルトリイバラ属（82%）、ウルシ属（76%）、サクラ属（75%）、クロモジ属（75%）だった。ミズナラ群落と異なるのはコナラ属群落にはツツジ属が存在し、アズキナシ属を欠くことであった。

**アラカシ・シラカシ群落の属組成**

この二つの群落に生育し、ミズナラ、コナラ群落にない属はテイカカズラ属（アラカシ群落中の出現頻度：83%）、ジャノヒゲ属（79%）、オシダ属（75%）、ヤブコウジ属（69%）、ムラサキシキブ属（63%）だった。特にオシダ属のようなシダ植物が特徴であった。またツバキ属（シラカシ群落への出現頻度：88%）、ヒサカキ属（78%）のような常緑の低木が目立った。

ミズナラ群落、コナラ群落、シラカシ群落、アラカシ群落のスタンド間の距離（DR）を表2.4に示した。

ミズナラ群落とコナラ群落では群落間の距離が短く、アラカシとコナラの間

表2.4　ミズナラ群落、コナラ群落、アラカシ群落、シラカシ群落のスタンド間の距離（DR）

| | ミズナラ群落 | コナラ群落 | アラカシ群落 | シラカシ群落 |
|---|---|---|---|---|
| ミズナラ群落 | | | | |
| コナラ群落 | 0.482 | | | |
| アラカシ群落 | 0.769 | 0.505 | | |
| シラカシ群落 | 0.770 | 0.531 | 0.183 | |

も短い（0.5）。それに対して、ミズナラとシラカシ、アラカシとの距離は長い（0.8）。

### 2.2.4　アラカシ群落とシラカシ群落の比較

シラカシ群落とアラカシ群落の組成を比較すると、シラカシ群落どうしのスタンド間の距離は、アラカシ・シラカシ群落の群落間の距離より有意に短かった。このことから、シラカシ群落とアラカシ群落の属組成は異なっていることがわかる。スタンド間の距離を近く（短く）するのに寄与した属は順にジャノヒゲ属、テイカカズラ属、オシダ属で、遠く（長く）するのに寄与したのはツバキ属、モチノキ属、コシアブラ属だった（図2.15）。

### 2.2.5　コナラ属落葉樹優占群落と常緑樹優占群落の属組成の比較

コナラ属落葉樹（ミズナラとコナラ）優占群落の群落組成と常緑樹（アラカシとシラカシ）優占群落の群落組成を比較した。落葉樹群落どうしのスタンド

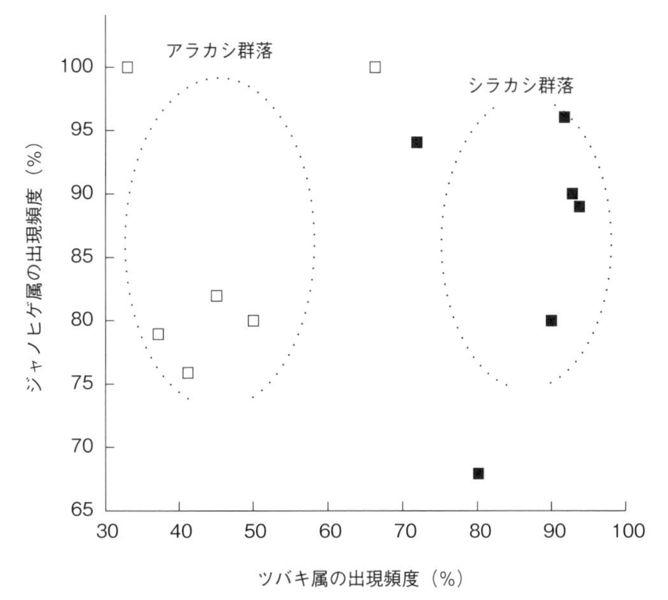


図2.15　ツバキ属（X軸）とジャノヒゲ属（Y軸）の出現頻度（%）で、アラカシ群落（□）とシラカシ群落（■）の位置づけをプロットしたもの
ジャノヒゲ属の値は、ほぼ等しいが、ツバキ属の値は異なり、ツバキ属の出現頻度は、これら二つの群落を分ける一つの指標になることがわかる。

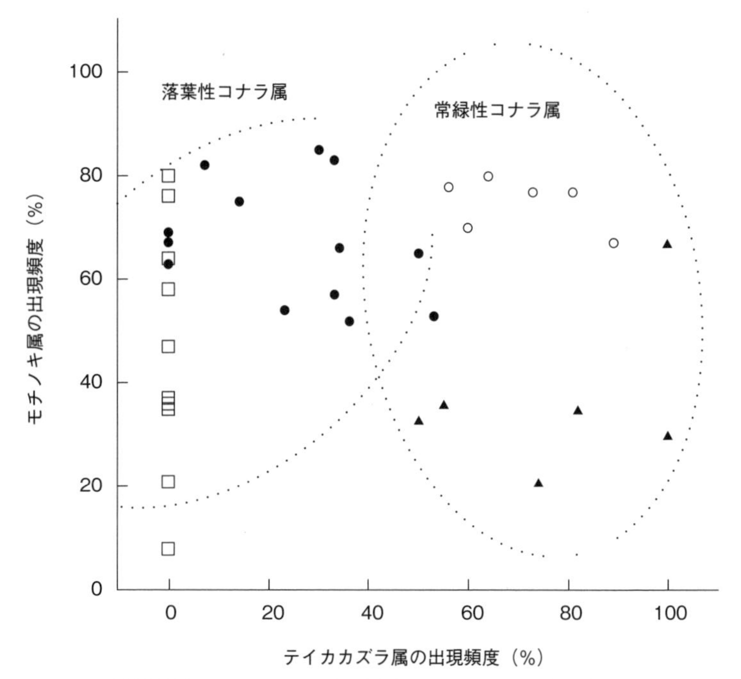


図2.16　コナラ属落葉樹優占スタンドと常緑樹優占スタンドの群落組成の比較
落葉性ミズナラ群落（□）、コナラ群落（●）、常緑性アラカシ群落（○）、シラカシ群落（▲）。モチノキ属の出現頻度をY軸に、テイカカズラ属の出現頻度をX軸にしてプロットした。モチノキ属の値はほぼ等しいが、テイカカズラ属の出現頻度は、これら二つの群落を分ける参考となることがわかる。表2.4にあるようにほかの群落間の距離に比べて、ミズナラ群落がアラカシ群落やシラカシ群落から大きな距離があることがわかる。

間の距離は、落葉樹・常緑樹群落間の距離よりも有意に短く、落葉樹群落と常緑樹群落の属組成は異なっていることがわかった。スタンド間の距離を近くするのに寄与した属は、1位から3位まで順にモチノキ属、ガマズミ属、カエデ属、距離を遠くするのに寄与した属は、1位から3位まで順にテイカカズラ属、ツバキ属、アオキ属となった。モチノキ属をY軸、テイカカズラ属をX軸に用いて、コナラ属落葉樹優占スタンドと常緑樹優占スタンドをプロットすると図2.16のように、落葉樹はテイカカズラ属の出現頻度が小さい左側に、常緑樹は大きい右側に位置した。Y軸で見ると、落葉樹と常緑樹には違いが見えなかった。このことからモチノキ属が距離を短くしたことに寄与していることが確認できる。一方、X軸のテイカカズラ属は、落葉樹が常緑樹より小さい出現頻度を示したことから、距離を長くしたことに寄与したことが確認できる。

### コラム　群落間の類似性を表す式の計算手順を、ミズナラ群落とコナラ群落を例に解説

類似度指数（SR）の計算は下記の式による。

$$sr(X, Y) = \Sigma \{X(i) \times Y(i)\} / [\Sigma X(i)^2 + \Sigma Y(i)^2 - \Sigma \{X(i) \times Y(i)\}] \quad (2.2.2)$$

またスタンド間の距離（DR）は次式による。

$$dr(X, Y) = 1 - sr(X, Y) \quad (2.2.3)$$

計算法は：

Step 1：ミズナラを優占種とする506群落は、10個の WI 階級にわたって存在していたので、それぞれの WI 階級を構成する属とその出現頻度でひとつの群落とみなした。この操作によりミズナラを優占種とする群落Mは、M 1、M 2、………、M10の10個の小群落に分かれた。同様にコナラを優占種とする群落 K も、K 1、K 2、………、K12の12個の小群落に分かれた。

Step 2：M 1、M 2、………、M10の10個の小群落から 2 個の小群落 M 1 と M 2 を取り出し、dr(M1, M 2）を計算した。同様に、10個から 2 個の組み合わせをとるパターンは、45通りあるので、それらの dr($Mp$, $Mr$）を計算した。45個の DR の平均0.325、最大0.677、最小0.062だった。これらは、ミズナラ優占種群落内の小群落間の DR の標本である。

Step 3：コナラを優占種とする群落 K を構成する K 1、K 2、………、K12の12個の小群落についても66個の組み合わせの dr($Kp$, $Kr$）を計算した。66個の DR の平均0.263、最大0.572、最小0.061だった。これらはコナラ優占種群落内の小群落間の DR の標本である。

Step 4：ミズナラを優占種とする群落 M 1、M 2、………、M10の10個から 1 個の小群落、コナラを優占種とする群落 K 1、K 2、………、K12の12個から 1 個の小群落を取り出す組み合わせは120通りあり、それぞれについて dr($Mp$, $Kr$) を計算した。120個の DR の平均0.598、最大0.840、最小0.245だった。これらはミズナラ優占種群落の小群落とコナラ優占種群落の小群落との間の DR の標本である。

Step 5：45個の dr($Mp$, $Mr$）の標本と120個の dr($Mp$, $Kr$）の標本のそれぞれの母代表値に差があるかないかマン・ホィットニーの U 検定を行った。$N1 = 45$、$N2 = 120$、$U = 632$、$Z = 7.57$、$p < 0.0001$で有意差があった。

Step 6：66個の dr($Kp$, $Kr$）の標本と120個の dr($Mp$, $Kr$）の標本のそれぞれの母代表値に差があるかないかマン・ホィットニーの U 検定を行った。$N1 = 66$、$N2 = 120$、$U = 532$、$Z = 9.78$、$p < 0.0001$、有意差があった（図2.13）。

Step 7：Step 5 と Step 6 の検定で少なくとも一方に有意な差があった場合、ミズナラを優占種とする群落組成とコナラを優占種とする群落組成は異なるとした。ミズナラあるいはコナラのどちらかの優占種群落どうしの DR が、ミズナラとコナラの優占種群落間の DR より有意に小さいということを示し、このことから、ミズナラとコナラの群落組成は同一とみなせないことを表すとしたからである。今回の結果から、ミズナラとコナラをそれぞれ優占種とするスタンドの群落組成は異なると言える。

ミズナラ優占種群落とコナラ優占種群落の相違に大きな影響を及ぼしている属の決定は、次のとおり行った。

Step 1：ミズナラを優占種とするスタンドの群落組成を WI 階級により、10個の小群落 M 1、M 2、………、M10に分けたが、属ごとにその出現頻度の10個の平均を算出した。すべての属とその平均出現頻度をもってミズナラ全体の群落組成とした。

Step 2：同様に、コナラを優占種とするスタンドの、12個の小群落 K 1、K 2、………、K12から出現頻度を平均して、コナラ全体の群落組成を求めた。

Step 3：Step 1 と Step 2 で求めたミズナラとコナラの群落組成から dr(M, K) を算出した。

Step 4：次に dr(M, K) を算出するとき、$n$ 番目の属の出現頻度を省いたときの dr(M, K) の値 dr2(M, K, $n$) を求めた。dr(M, K) から dr2(M, K, $n$) を減ずれば、$n$ 番目の属による寄与を表す値を求めることができる。この値が小さければ、$n$ 番目の属は、二つの群落間の距離を減少させることに寄与していたことになる。一方、その値が大きければ、距離を増大させることに寄与していたことになる。それゆえ、群落組成を構成するすべての属に対してこの dr(M, K) − dr2(M, K, $n$) を求めて、その値の大きさから、寄与する度合いを求めることにした。

### 2.2.6　コナラ属4種が優占種となる群落の類似性への寄与する属

表2.5にコナラ属4種が優占種となる群落全体の群落間の距離（DR）に対して距離を近くするのに寄与する上位3属、順にガマズミ属、カエデ属、ウルシ属と、遠くするのに寄与する上位3属、順にカマツカ属、クリ属、ツクバネウツギ属の出現頻度を示した。

距離を近くするのに寄与する上位3属のガマズミ属、カエデ属、ウルシ属は、恒常的に出現し、この属が群落に固有性をもたらす属であることが確認された。一方、距離を遠くするのに寄与する上位3属のカマツカ属、クリ属、ツクバネウツギ属に見られるように優占種や温度階級に関連なくどの立地にも不規則に出現していて、この群落に固有とはいえなかった。このことは、これらの属が群落に分布のゆらぎをもたらしていることを示唆する。

例えば、ガマズミ属、カエデ属、ウルシ属はミズナラ群落、コナラ群落に共通に出現する。コナラ群落にはカマツカ属、クリ属、ツクバネウツギ属が生育する。すなわち、群落のスタンド間の距離を計算することによって、群落において優占種が決まると、その種はその立地の環境を支配し、その場に生育が許される構成種を選別するということである。例えば、コナラという種が優占種となると、たとえ場所が異なる立地でもコナラが優占することによってその構成種は似通ってくる。

これは優占種がその場を支配し、構成種の生育を支配するということを意味している。この現象は植物群落を考える上で重要な観点である。例えば、コナラ群落とシラカシ群落が近接していて、温度、水分、土壌などが同じであっても優占種が異なることよって、構成種が異なる。表2.5によるとコナラ群落に多く出現するカマツカ属、クリ属、ツクバネウツギ属はアラカシ群落、シラカシ群落では少なくなる。また、場所が近接している長野県菅平の場合のように、温度、雨量も同じで、土壌もクロボク土という同じ環境条件下に成立するアカマツ群落、ミズナラ群落でも優占種が異なると構成種のDR値は違ったものとなる。このことは、植物群落遷移の結果起こる現象であるが、種の分布でもそれぞれの種が物理的環境のみに応じて分布するのではなく、他の種との相互作用の結果、その立地での生存が可能であることを示している。

表2.5　コナラ属（ミズナラ、コナラ、アラカシ、シラカシ）を優占種とする群落どうしのスタンド間の距離（DR）に、短くすることに寄与する属と長くすることに寄与する属の出現頻度。30% より大きい場合に、その階級に●、30% 以下で10% より大きい場合、○を記した。短くするのに寄与する 1 位から 3 位まで、順にガマズミ属、カエデ属、ウルシ属。長くするのに寄与する 1 位から 3 位まで、順にカマツカ属、クリ属、ツクバネウツギ属。

| 群落 | 暖かさの指数（℃・月） | ガマズミ属 | カエデ属 | ウルシ属 | カマツカ属 | クリ属 | ツクバネウツギ属 |
|---|---|---|---|---|---|---|---|
| ミズナラ群落 | 35〜40 | ● | ● | ● | | | |
| | 40〜45 | ● | ● | ● | | | |
| | 45〜50 | ● | ● | ● | | | |
| | 50〜55 | ● | ● | ● | | | |
| | 55〜60 | ● | ● | ● | | ○ | |
| | 60〜65 | ● | ● | ● | ○ | ○ | |
| | 65〜70 | ● | ● | ● | ○ | ● | |
| | 70〜75 | ● | ● | ● | ○ | ● | |
| | 75〜80 | ● | ● | ● | | ● | ○ |
| | 80〜85 | ● | ● | ● | | ● | |
| コナラ群落 | 70〜75 | ● | ● | ● | ● | ● | ● |
| | 75〜80 | ● | ● | ● | ○ | ● | ● |
| | 80〜85 | ● | ● | ● | ● | ● | ● |
| | 85〜90 | ● | ● | ● | ● | ● | ● |
| | 90〜95 | ● | ● | ● | ● | ● | ● |
| | 95〜100 | ● | ● | ● | ● | ● | ● |
| | 100〜105 | ● | ● | ● | ● | ● | ● |
| | 105〜110 | ● | ● | ● | ● | ● | ● |
| | 110〜115 | ● | ● | ● | ● | ● | ○ |
| | 115〜120 | ● | ● | ● | ● | ● | ○ |
| | 120〜125 | ● | ○ | ● | ● | ○ | ○ |
| | 125〜130 | ● | ○ | ● | ● | ● | |
| | 130〜135 | ● | ○ | ● | ● | ● | |
| アラカシ群落 | 95〜100 | ● | ● | ○ | | ○ | ○ |
| | 100〜105 | ● | ● | ● | ○ | ○ | |
| | 105〜110 | ● | ○ | ○ | ○ | | |
| | 110〜115 | ● | ○ | ○ | ○ | | |
| | 115〜120 | ○ | ● | ○ | | | |
| | 120〜125 | ● | ○ | ● | | | |

| | | | | | |
|---|---|---|---|---|---|
| シラカシ群落 | 90～95 | ● | ● | ○ | |
| | 95～100 | ● | ● | ○ | ○ |
| | 100～105 | ○ | ● | ● | ○ |
| | 105～110 | ● | ● | ● | ○ |
| | 110～115 | ○ | ● | ● | ○ |
| | 115～120 | ● | ○ | ● | ○ |

# 3章　アカマツ林の生態とミズナラ林への遷移

植物群落の遷移とは、ある場所に成立している群落の種類組成が、時間の経過とともに自然に入れ替わる現象である。アカマツからミズナラの林への遷移には、アカマツ林に後継樹のアカマツの若木が生育せず、ミズナラの幼樹が存在していることが前提とされる。そこで、全国170地点のアカマツ林で調べたところ林内にアカマツの若木はほとんど生育していないことがわかった（2章、表2.1）。一方、ミズナラは堅果（どんぐり）を産み出す母樹がないのに林床に幼樹が生育していることが観察されている。

アカマツ林の林床にアカマツの若木がない理由については、まだ十分な説明は与えられていない。しかし、後者については、中村（1984）の研究によって、近くのミズナラからカケスが堅果（どんぐり）を運びアカマツ林の林床に貯食することが報告されている（図3.1）。この研究からアカマツ林の林床にミズナラの幼樹があることの理由がわかる。

図3.1　ミズナラからアカマツ林へ「どんぐり」を運ぶカケス（中村浩志博士撮影）

本章ではアカマツがススキ草原に侵入してできたアカマツ林の生態と、林床にミズナラが生育して定着する過程を述べる。

観察と実験は、長野県上田市菅平高原にある筑波大学山岳科学センター菅平高原実験所で行われた。実験地の年平均気温は6.5℃、年間降水量は1,190mmであった。開設当時（1955年頃）は敷地の大半は放牧跡地や耕作跡地であった。その後、敷地の草原は毎年の刈り取りによって管理されてきたが、草原の場所の一部の刈り取りを中止したことにより自然に樹木が進入し、アカマツ林へ遷移した。

このアカマツ林内に20m×20mの調査枠（A：以下枠Aと表記）と20m×40m枠（B）の調査枠を設定し、そのうち枠（B）は20m×20mの２枠に分けてB１、B２とした。全部で、枠A、B１、B２の３枠となる。調査枠内に生育している全アカマツ個体にプラスチック札で番号をつけ、毎年同じ樹木の幹で、高さ120cmの位置の直径（胸高直径 Diameter at Breast Height：DBH）を測定した。枠Aでは1973年と1976年から2010年まで、枠Bは1977年から2010年までの毎年測定を行った。また、枠内に生育している各個体の分散と相互関係を分析するため、枠Aの各個体の位置を1973年と1988年に測定した。1998年から2004年までアカマツ林の林床に生育していたミズナラ幼樹の位置と樹高を測定した。

これらデータの一部は筑波大学山岳科学センター菅平高原実験所から提供を受けた。

# 1節　アカマツ林の生態的特性

## 3.1.1　自己間引き

近くのアカマツ林からススキ草原などに風によって散布されたたくさんのアカマツの種子は、発芽して成長する過程で、光や土壌養分の資源をめぐって競争する。その結果、弱小個体は枯死した。このように、植物個体群内で競争によって個体数が減少していく現象を植物個体群の自己間引きという。

枠Aでは記録が始まった1973年に400m$^2$当たり237個体だった個体数が2010年には42個体となった。また枠Bでは1977年に800m$^2$当たり315個体だった個体数が2010年には109個体に減少した。それぞれの枠で個体数の推移を1973年からの年数に対してグラフにすると図3.2のようになった。

図のように、アカマツ林は伐採や害虫による食害などの外部からの撹乱がなくても、群落内での競争により個体の枯死が起こり、個体数が減少する。これは自然の植物群落の遷移現象の結果であり、人がこれを止めようとすることは不可能か、行うとすると莫大な経費がかかる。

図3.2に示された、枠A、Bの個体数の減少の様子はそれぞれ次式で近似で

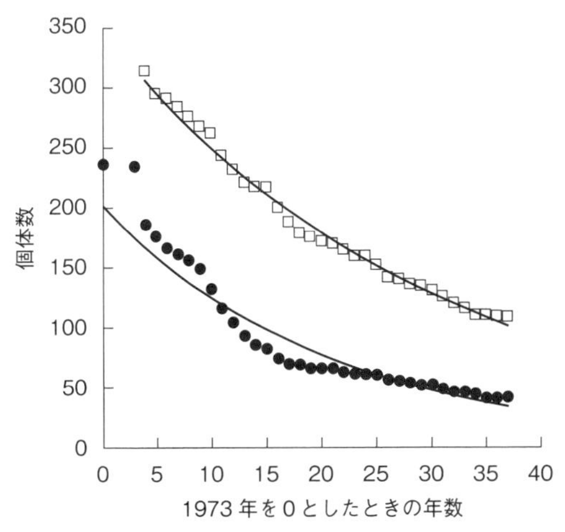


図3.2　アカマツ個体数の経年変化　枠A（●）、枠B（□）、線は近似曲線。

きた。$N(a)$、$N(b)$ はそれぞれ枠A、枠Bの個体数であり、$t$ は1973年を０年としたときからの年数である。

$$N(a) = 202.35\exp(-0.047t) \quad (3.1.1)$$

（自由度１＝２、自由度２＝33、$F = 127$、$p < 0.0001$）

$$N(b) = 359.98\exp(-0.033t) \quad (3.1.2)$$

（自由度１＝２、自由度２＝31、$F = 1756$、$p < 0.0001$）

この２つの式は、個体数を $N$、年数を $t$ とすると：

$$N = \mathrm{p} \cdot \exp(-\mathrm{r} \cdot t) \quad (3.1.3)$$

の形に表され（p、r はそれぞれ定数)、この式を時間 $t$ で微分すると

$$\mathrm{d}N/\mathrm{d}t = -\mathrm{r} \cdot \mathrm{p} \cdot \exp(-\mathrm{r} \cdot t) \quad (3.1.4)$$

(3.1.3) 式より $\mathrm{p} \cdot \exp(-\mathrm{r} \cdot t)$ は $N$ に置き換えて

$$\mathrm{d}N/\mathrm{d}t = -\mathrm{r} \cdot N \quad (3.1.5)$$

となり、年間の減少速度（$\mathrm{d}N/\mathrm{d}t$）は個体数 $N$（密度）に比例することがわかる。このことから、芽生えが成長して過密になり、林冠が閉鎖されると、自己間引きが密度依存の死亡に沿って生ずることがわかる（Kira *et al.*, 1953；Lin *et al.*, 2013)。

### 3.1.2　胸高直径（DBH）の成長

胸高直径の成長を知るために、2010年まで生存していた枠Bの107個体について、2010年の時点での DBH の太さ（$d$）別に３つのグループに分けて成長曲線を検討した。それらの成長をロジスチック曲線で近似すると図3.3のようになった。このときの近似式は：

太いグループで：

$$d = 100/(1 + 5.88\exp(-0.031t)) \quad (3.1.6)$$

中間の太さのグループで：

$$d = 100/(1 + 7.57\exp(-0.027t)) \quad (3.1.7)$$

細いグループ35個体で

$$d = 100/(1 + 9.08\exp(-0.018t)) \quad (3.1.8)$$

となった。

このとき、アカマツ個体の群落状態での最大直径を100cm と仮定した。直径は地際から120cm の高さの直径（$d$：DBH cm）とし、1977年からの年数を $t$ とした。

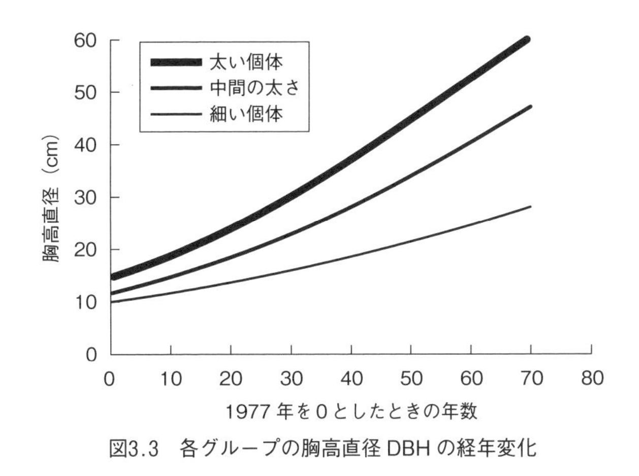


図3.3　各グループの胸高直径 DBH の経年変化

1977年から2010年までの相対成長率（RGR）は、太いグループで0.0276、細いグループで0.0180（図3.3）であり、太い個体の相対成長率が細い個体より大きく、個体間の格差は成長につれて開いていくことがわかる。

## 3.1.3　個体群の直径階分布

枠Bの個体群直径ヒストグラムの経年変化を図3.4に図示した。個体群の直径分布で中央部の頻度が多く両脇に行くにしたがって少ない形になった。そのヒストグラムが正規分布と見なせるかどうか、適合度の検定を行った。有意水準0.005で検定を行った結果、1997、1998、2005、2006の各年は正規分布であった。その後、自己間引きが起こり、正規分布が一時崩れた後、再び正規分布へ戻った。個体群の成長過程で正規分布と非正規分布の交代が起こった。アカマツ自然個体群は初期の直径階分布では正規分布からはずれた構造をもつが、時間の経過の間に個体間の相互作用によって正規分布になり、その後直径階の正規性は崩れた。このように個体群構造は正規分布と正規性からのずれを繰り返しながら成長していく。

## 3.1.4　樹高の推定

胸高直径（cm）から樹高（$H$：m）を推定するために小川（1980）の逆数式を用いて計算した。その際、安藤（1962）、蜂谷ら（1989）、林野庁（1983）の合計509個体のデータを用いた。最高樹高として北村・村田（1979）の35mを

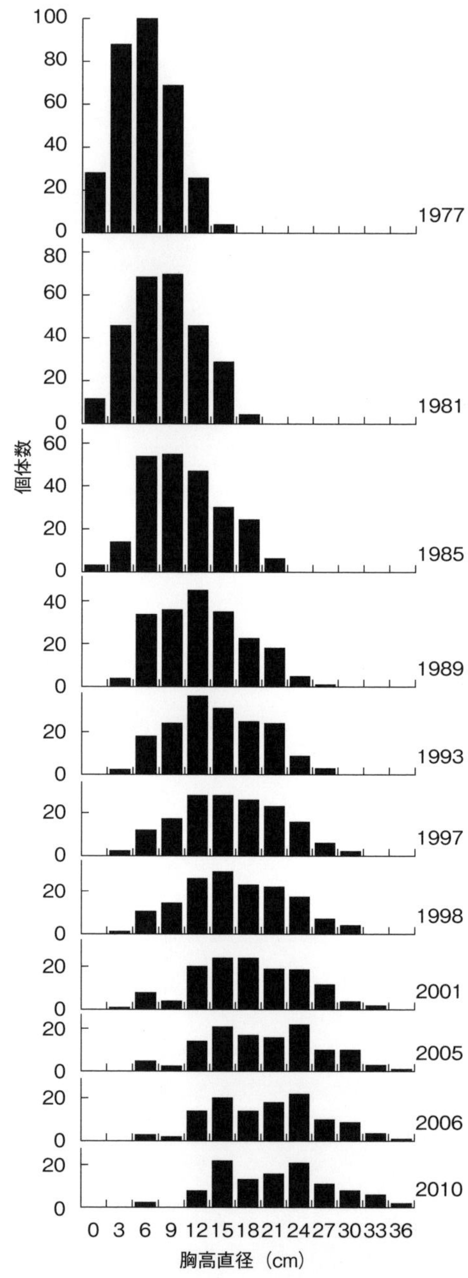


図3.4　枠BのDBHヒストグラムの経年変化

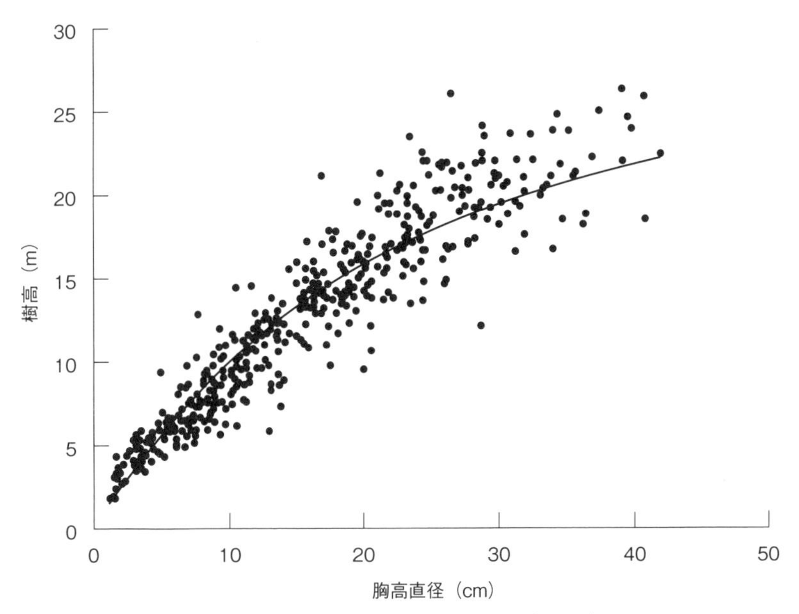


図3.5　アカマツ個体の胸高直径と樹高の関係

用いた。

アカマツ林の樹木の直径と樹高は次式で近似することができた（図3.5）。

この式から、測定した直径を用いて樹高（$H$：m）を推定することができた。

$$1/H = 1/(1.336 \cdot \mathrm{DBH}^{1.02}) + 1/35 \qquad (3.1.9)$$

（自由度１＝２、自由度２＝506、$F$＝1508、$p$＜0.0001）

この式を用いると、例えば、直径10cm の個体はおよそ樹高10m となる。

個体群の平均直径の成長式（式3.1.6）と個体の直径と樹高の近似式（式3.1.9）から胸高直径を消去して、1977年を０とした年数 $t$ と樹高 $H$（m）の関係式を求めると

$$H = 1/\{0.029 + 0.00683 \cdot (1 + 5.88e^{-0.031t})^{1.02}\} \qquad (3.1.10)$$

となり、この式を用いて最も太いグループでの樹高の伸長成長を予測すると図3.6に示すように74年後の2051年には樹高25m に到達することがわかる。

## 3.1.5　個体の枠内分散状態の経年変化

枠Ａ内のアカマツ個体群の枠内での分散状態を図3.7に示した。

立地面積内の個体の分散状態の変化は、その群落内での個体の生育と個体間

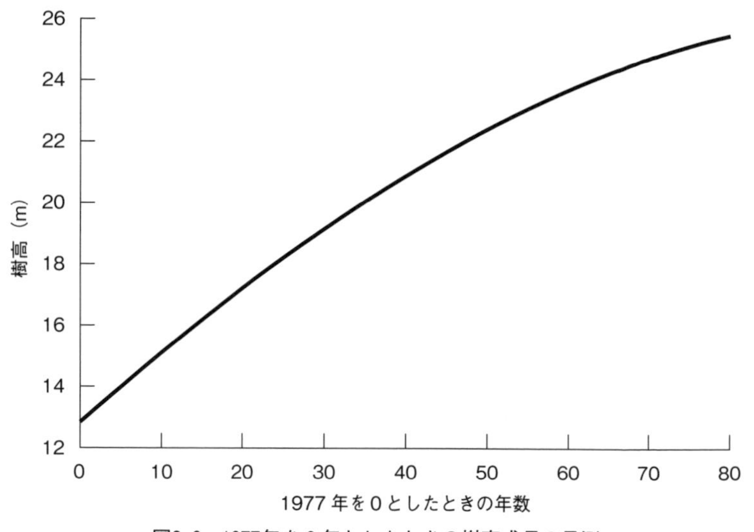


図3.6　1977年を 0 年としたときの樹高成長の予測

の相互関係の結果である。この分散の状態の変化を図に示すことによって、個体群がどのように立地での位置を定めるかを直感的に理解できる

この図から個体の分散状態が集中分散から次第にレギュラー分布になっていくことが直感的にわかる。これは個体間の相互作用によって、個体間の間隔が等間隔になったことを示している。Morisita（1959）は個体の分散状態が、集中分布かランダム分布かレギュラー分布かを数値で示す方法を考案し、それをＩデルタ（$I_\delta$：アイデルタ）とよんだ。$I_\delta$が１より小さいとレギュラー分布、１はランダム分布を示す（図3.8)。方形区サイズ16$m^2$での経年変化をたどると次第に１より小さくなっていく、すなわち集中分布からレギュラー分布になることがわかる。

このことはアカマツ個体群の個体の分散状態が競争を通じて次第に集中からレギュラーになっていることを示している。

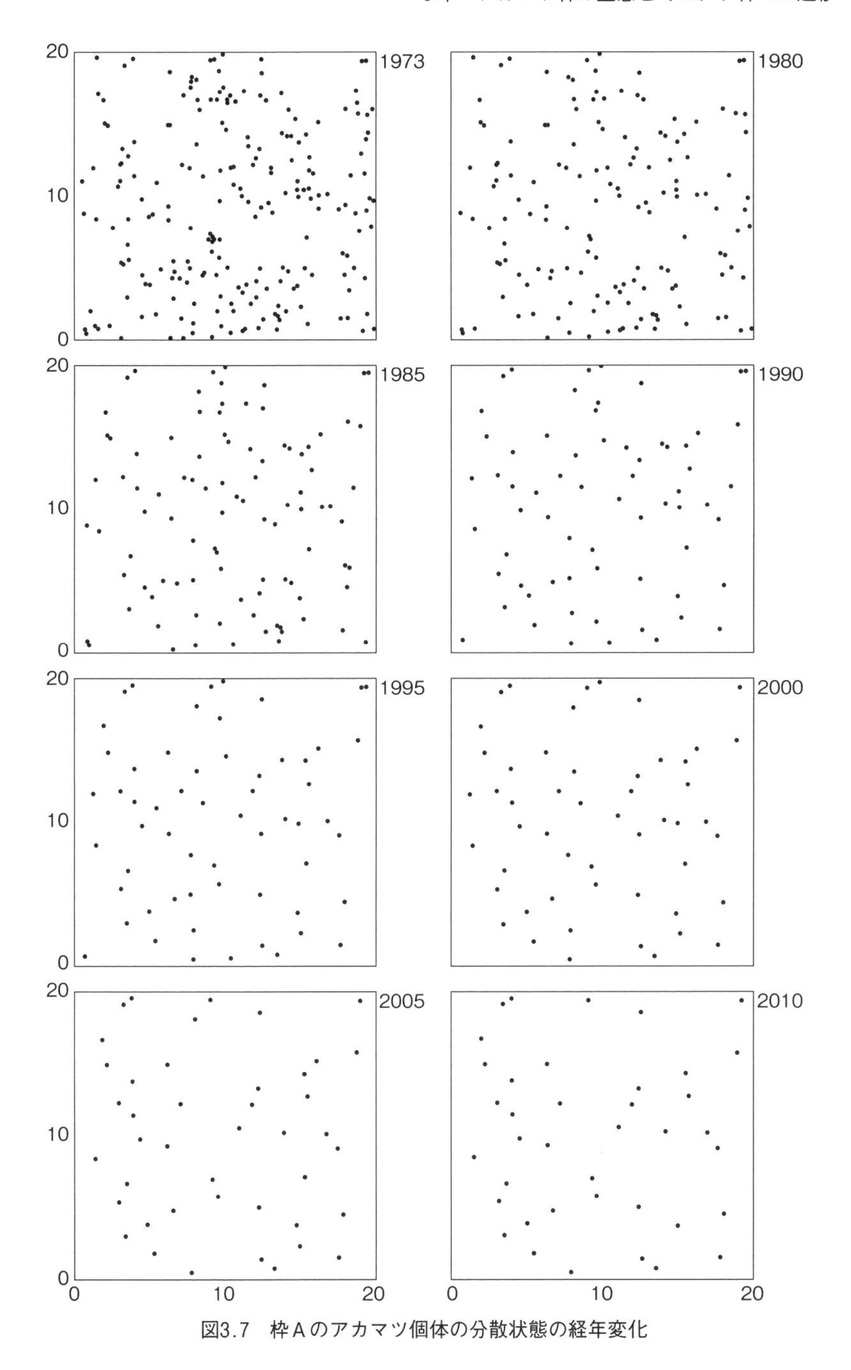


図3.7　枠Aのアカマツ個体の分散状態の経年変化

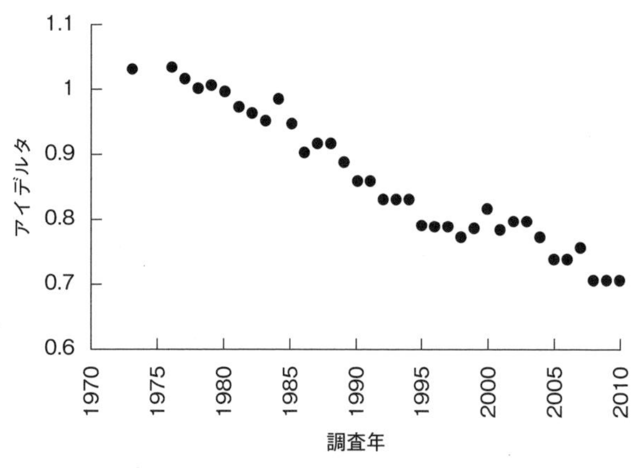


図3.8　方形区16m$^2$サイズにおける Morisita の $I_\delta$（アイデルタ）の経年変化

## コラム

私たちがある植物群落、例えばアカマツ林に行ってみると、アカマツの樹木が密集している場所と、ある間隔をおいて生えている場所があるのを見ることがある。このようにある群落空間を個体群が占有する仕方は、①密集するか（集中)、②一定の間隔を置いて生えるか（レギュラー)、③ランダムに生えるかの三つの場合がある。①の場合は個体同士が誘引しあっているか、その場の環境が不均一である。②は環境が均一で個体同士が反発（競争）し合っている。③の場合はそのいずれでもない場合である。そういう状態を数値で示す指数が森下正明（1959）の考案したＩデルタという指数である。

記号では $I_\delta$ と書き数式では次式で算出する。

$$I_\delta = \frac{q\Sigma ni(ni-1)}{N(N-1)}$$

例として、90m×90m の調査地に81個体が生育しているアカマツ林を考えよう。

それをさらに10m 四方の小さな枠81枠に将棋盤のように区切る。そうすると、上の式の $N$ は個体数なので81（個体)、$q$ は区切られた小さな枠の数なので81（枠）である。枠に順番に番号1, 2, ………, $i$, ………を付け、その $i$ 番目の枠に生育する個体数を $ni$ で表す。最初の枠は n 1 で最後の枠は n81となる（3番目の枠に５本のマツが生えていると、n 3 は５となる)。

もし81個体のアカマツ全部が１番目の枠だけに生育していれば（集中)、上記の式の算出結果は次のとおりになる：$q$=81, n 1 ＝81, n 2 ＝0, n 3 ＝0,

………, n81＝0, $N$＝81なので $I_\delta$＝81×81×80/(81×80) で、$I_\delta$＝81となる。つまり1より大きく集中分布と判定される。また81個の枠それぞれにアカマツ1個体ずつ生育していれば、$I_\delta$＝81×(1×0＋1×0＋………＋1×0)/81×80で計算結果は $I_\delta$＝0となる。つまり、レギュラーに生育していると判定される。このように、この指数は視覚的にしか表現できなかったものを数値で表現することでさらなる生態学的な考察に進むことができる。

## 3.1.6　個体密度と直径の関係

一定の面積に生育する個体のサイズと個体数（密度）の関係は、多くの研究者が関心を示してきた現象である。Yoda *et al.* (1963) はダイコン、ダイズ、ゴマ、ヒメムカシヨモギなどを用い、一定面積内の個体数と個体平均乾燥重量の関係を求め、それが－3/2乗則に従うことを示した。そこで、このアカマツ林の胸高直径から推定した個体重量（$w$：kg）と密度（$d$：個体数/ha）の関係を検討した（図3.9）。

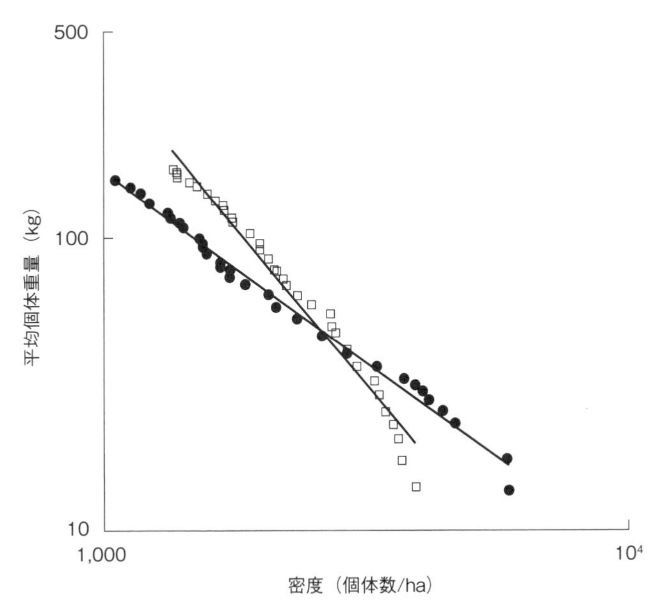


図3.9　枠A（●）と枠B（□）の平均個体重量 $w$（kg）と密度（$d$：個体数/ha）の関係

アカマツの個体重量（$w$：kg）と密度（$d$：個体数/ha）の関係は次の式で近似できた。

枠A：$w = 1.36 \times 10^{6} \times d^{-1.30}$ (3.1.11)

枠B：$w = 1.17 \times 10^{9} \times d^{-2.16}$ (3.1.12)

となって枠Aでは指数部が－1.3となり、－３/２に近く、枠Bでは－３/２からはやや離れた値になった（図3.9）。

### 3.1.7　枯死個体の直径

群落を構成している個体が成長する間に、お互いの競争で、枯死する個体がでる。その際、枯死個体のDBHのその年の全個体の平均DBHに対する比（%）を求めると、枯死木208個体の平均は全枯死個体直径の57%であった。ヒストグラムに表すと40～60（%）の階級が一番多い（図3.10）。このことは全個体平均の直径の平均50%の太さより細い方の個体に枯死傾向があるということを示している。

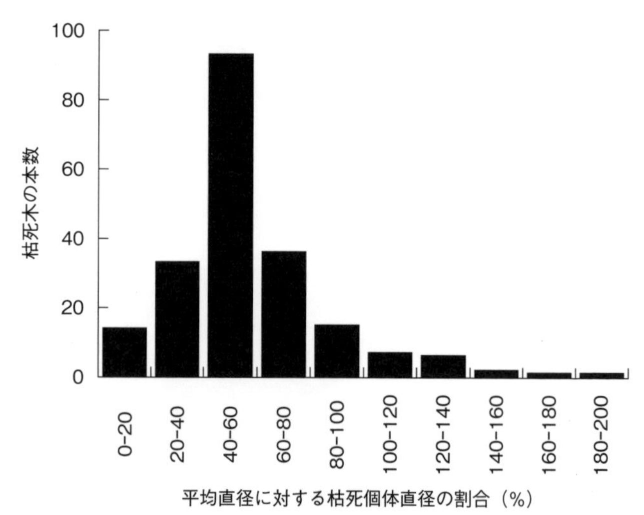


図3.10　枯死木の直径のヒストグラム

# 2節　アカマツ林の物質生産

## 3.2.1　幹の直径と地上部乾燥重量の関係

幹の直径（DBH：cm）と地上部乾燥重量（$W$：kg）の関係は図3.11のようであり、3.2.1の式で近似できた。

$$W=0.097\mathrm{DBH}^{2.36} \quad (3.2.1.)$$

（自由度１＝２、自由度２＝81、$F=1446$、$p<0.0001$）

この式は安藤（1962)、後藤（2003)、渡邉（2004)、渡邉（2008)、山場（2007）が報告した84個体のデ－タを用いて作成した。

上で求めた樹木の直径（DBH：cm）と個体重量（$W$：kg）の関係式を利用して、枠Ｂの800m$^2$当たりの年間地上部乾燥重量（t：トン）を計算した。

その経年推移は図3.12のようになった。1977年からの年数 $t$ と800m$^2$当たりの地上部乾燥重量 $W$（トン）は次式で近似できた：

$$W=0.43t+5.86 \quad (3.2.2)$$

（自由度１＝２、自由度２＝31、$F=502$、$p<0.0001$）

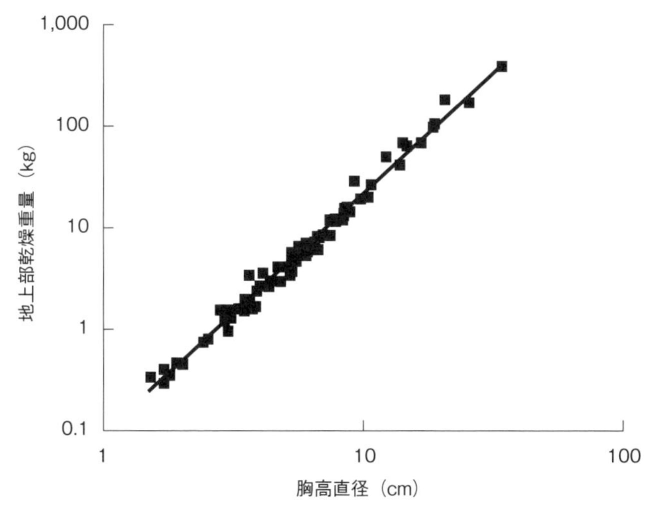


図3.11　アカマツ樹木幹の胸高直径（DBH：cm）と地上部乾燥重量（$Wt$：kg）

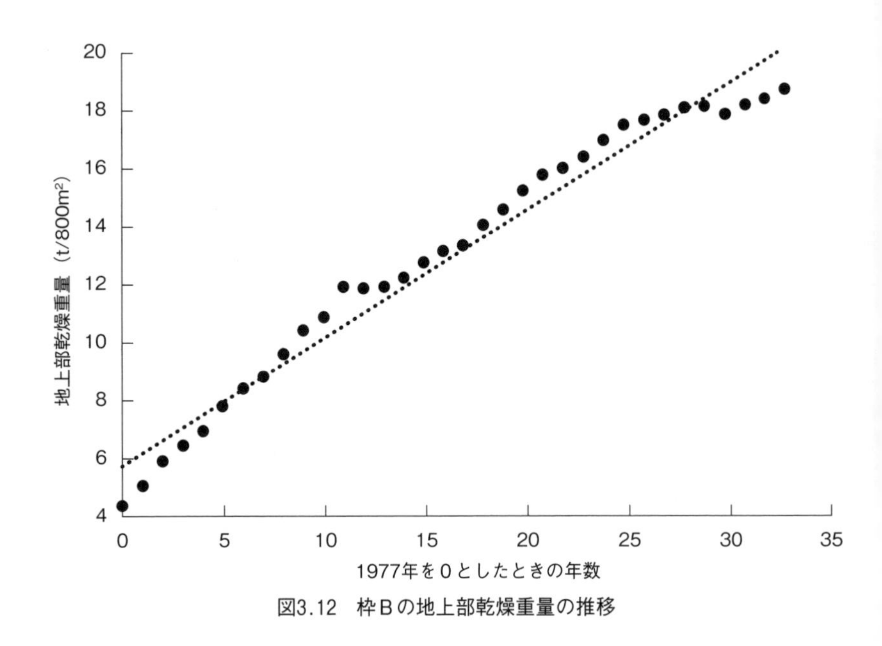

図3.12　枠Bの地上部乾燥重量の推移

この式から、地上部乾燥重量の年間増加量は、800m$^2$当たり0.43t/year (0.21tC/year）になることがわかった。この値をヘクタール（ha）当たりに換算すると5.4t/ha/year（2.6tC/ha/year）となる。Cは炭素、tは単位をあらわす。すなわち、この群落は1年間にha当たり5.4トン（t）の地上部現存量（乾燥重量）の増加があった。

さらに個体数の経年変化の近似式を利用して、個体が細い方から枯損していったと仮定し（Kato and Degawa, 2014)、DBH肥大の予測式を利用して枠Bの地上部乾燥重量の増加を予測した。33年後の2010年に実測値20tにわずか届かなかったのが、72年後の2049年には60tに達することがわかる（図3.13)。

## 3.2.2　地上部と地下部の比率

Karizumi（1974）によると31個体のアカマツの地下部（$Wr$：g）と地上部（$Wt$：g）の乾燥重量の比は次の回帰式のようになった（図3.14)。

$$Wr = 0.38\,Wt^{0.97} \qquad (3.2.3)$$

（$Wt$：地上部乾燥重量（g)、$Wr$：地下部乾燥重量（g)、

自由度1＝2、自由度2＝28、$F$＝2343、$p<0.0001$)

この関係式から指数部の0.97をほぼ1とすると地上部（幹、枝、葉）の38%

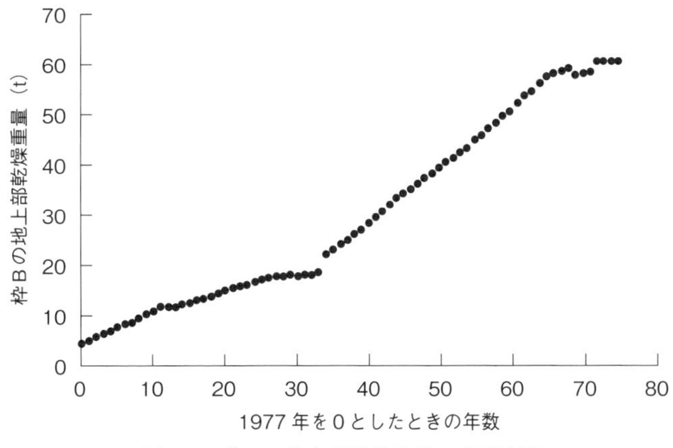


図3.13　枠Bの地上部乾燥重量の成長予測

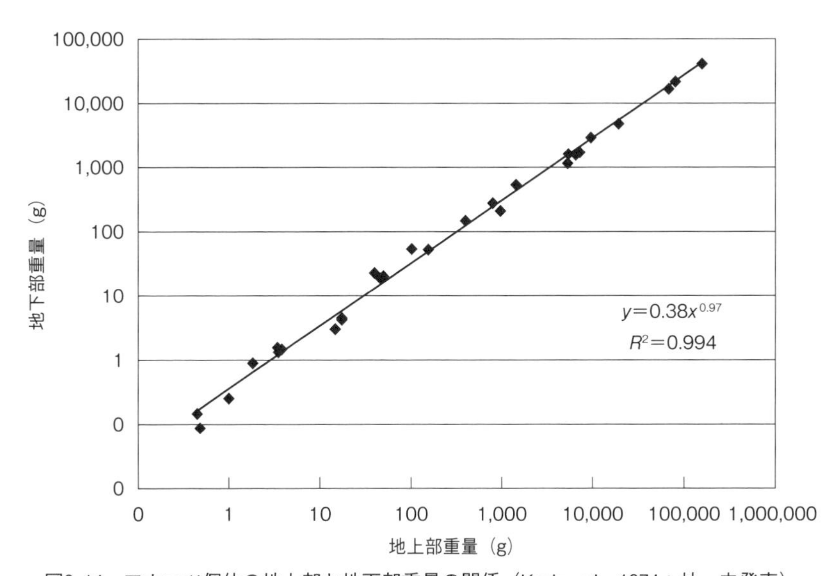


図3.14　アカマツ個体の地上部と地下部重量の関係（Karizumi，1974；林，未発表）

が地下部（根）の重量であることがわかる。しかし、この係数部の38%という値は地上部重量の変動によって変化する。

この式を用いて、生きている地上部と地下部の合計を求めると、次のようになった。

$$W(t)=0.54t+7.53 \qquad (3.2.4)$$

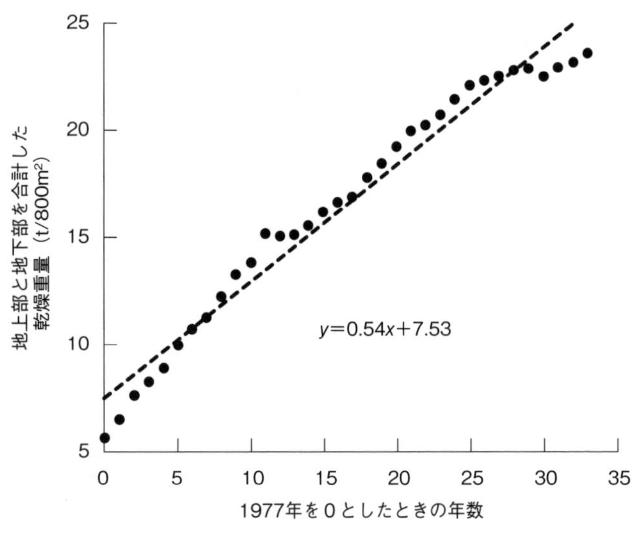

図3.15　地上部と地下部を合計した乾燥重量の経年変化

ここで $W(t)$ は地上部と地下部の乾燥重量の合計であり、$t$ は1977年からの年数である（図3.15）。この図によると20m×40m の面積当たり年間0.54t 増加することを示していて、ha 当たりに換算すると6.8t/ha/year（3.3tC/ha/year）となった。

### 3.2.3　リター量と枯死木の蓄積

年間リター量として落葉、枯死した枝、樹皮などの値を表3.1に示した。

1年間に落ちる落葉、枝、樹皮、花、球果を5年間平均すると、747.1g/$m^2$

表3.1　年間リター量（$g\ m^{-2}y^{-1}$）

| 年 | 葉 | | | | 枝 | 樹皮 | 花 | 球果 | ほか | 合計 |
|---|---|---|---|---|---|---|---|---|---|---|
| | マツ | カンバ | カラマツ | ほか | | | | | | |
| 1978 | 400.0 | 15.8 | 14.7 | 11.8 | 97.9 | 28.1 | 7.1 | 16.3 | 31.1 | 623.3 |
| 1979 | 442.2 | | | | 54.4 | 35.6 | 3.1 | 8.7 | 38.5 | 602.6 |
| 1980 | 509.0 | | 4.9 | 14.1 | 85.2 | 29.1 | 4.8 | 10.7 | 44.4 | 702.7 |
| 1981 | 487.7 | 44.4 | 25.1 | 18.9 | 140.8 | 42.1 | 1.2 | 36.6 | 47.5 | 844.3 |
| 1982 | 511.7 | 10.8 | 4.1 | 12.8 | 291.7 | 58.7 | 0.7 | 14.8 | 57.6 | 962.8 |
| 平均 | 470.1 | 23.7 | 12.2 | 14.4 | 134.0 | 38.7 | 3.4 | 17.4 | 43.8 | 747.1 |

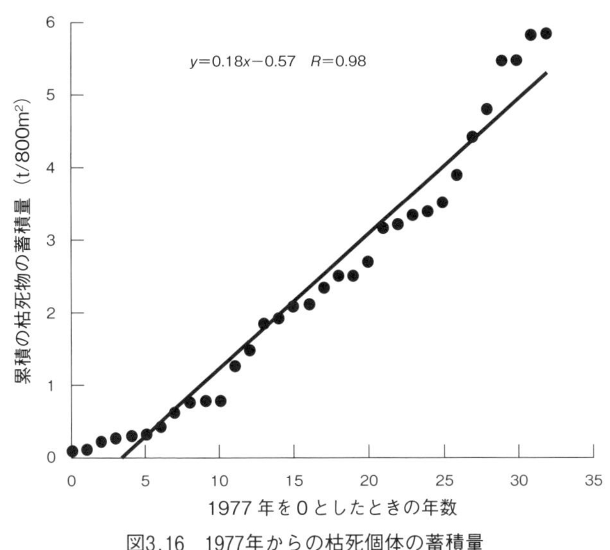


図3.16　1977年からの枯死個体の蓄積量

であった。これはヘクタール当たりに換算すると、7.5t/ha/year（3.6tC/ha/year）となる。リターの内容は最も多いのがアカマツの葉で62.9%、次は枝の17.9%の順になった。この量は地中の微生物の呼吸によって分解され二酸化炭素として空気中に出ていく。

1977年から2009年まで枯死した個体の地上部、地下部の乾燥重量は、分解などを考慮しないと、累積で5.8tになり、これをha当たりで換算すると72.7 t/ha（34.9tC/ha）となる（図3.16）。落下物の年間7.5t/ha（3.6tC/ha）の32年分を分解しないと仮定して、この値に加えれば1977年からの32年間に311.8t/ha（149.7tC/ha）が土壌有機物となって蓄積することになる。

### 3.2.4　アカマツ林の土壌呼吸

いままで、アカマツ林生態系の物質生産を述べてきたが、生態系は光合成産物を系内に蓄積するだけではない。系内の土壌中に住む土壌動物や菌、細菌、ウイルスなどの微生物がそれを餌として分解し、二酸化炭素として大気中に放出する。また、土壌中の生きた根も二酸化炭素を産生する。これは地上の植物が光合成をして作り出した有機物を、光合成と逆の細胞呼吸という生理過程で作り出したもので、土壌呼吸といわれている（表3.2）。

表3.2　アカマツ林林床土壌の呼吸量
（鞠子，未発表資料による）

| 月 | 月別土壌呼吸量 ($gCO_2/m^2$/month) |
|---|---|
| 1月 | 143.00 |
| 2月 | 129.16 |
| 3月 | 140.17 |
| 4月 | 150.67 |
| 5月 | 228.37 |
| 6月 | 267.14 |
| 7月 | 381.50 |
| 8月 | 375.23 |
| 9月 | 290.48 |
| 10月 | 228.19 |
| 11月 | 154.40 |
| 12月 | 145.74 |
| 総計 | 2,634.06 |

本稿での土壌呼吸の測定は、前節までに述べたアカマツ林と同じ森林の林床で、同じ時期に同一の生態系で測定されたものである。

そのため、地上部の生産量や落葉、落枝など落下物の測定も同じ生態系でなされている。本稿では樹木の成長量、二酸化炭素の量、炭素の量について、成長量をt/ha/year、二酸化炭素は$tCO_2$/ha/year、炭素はtC/ha/yearと記述する。

表3.2によると、このアカマツ林は1年間に1$m^2$当たり2,634gの二酸化炭素（$CO_2$）を放出する。これをヘクタール当たりに換算すると、26.3$tCO_2$/ha/year（7.2tC/ha/year）となる。千葉・堤（1967）は京都府上賀茂のアカマツ林で土壌呼吸を測定し、1,357$gCO_2$/$m^2$/year（3.3tC/ha/year）の二酸化炭素の放出を報告した。また、大塚ほか（2013）は富士北麓の剣丸尾の溶岩流上の赤松林で、年間の土壌呼吸量を6.1 tC/ha/year（22.6$tCO_2$/ha/year）と報告している。

また、環境科学研究所の中屋ほか（2004）の渦相関法による測定では5.4tC/ha/year（20$tCO_2$/ha/year）であった。

場所や測定法などを考慮すると、この四つの値はほぼ同じオーダーの値ということができる。

一方、本研究での群落の地上部成長量5.4t/haから計算した二酸化炭素($CO_2$)の量は9.6t$CO_2$/ha/yearなので、二酸化炭素の放出量/吸収量比(26.3t/9.6t)は2.7となる。すなわち地上部の植物が吸収した二酸化炭素の2.7倍の二酸化炭素を土壌呼吸によって放出することになる。しかし、もしこの率で二酸化炭素を放出し続けると、地上部からの供給がなければ土壌中の有機物は減少し続け、微生物の呼吸基質も枯渇する。

それは現実の観察と合わない。そこで、生育期間の成長量、すなわち吸収量を検討すると、次の二酸化炭素の量を地上部吸収量（同化量）に加えなければならないことがわかる：①上層のアカマツの下層にあるヤマウルシなどの低木の成長量(1.9t)(加藤・林, 2007)、②樹木や草本の根の部分の増加量は式3.2.3より2.0t、③落葉、枯死した枝や樹皮、花など落下物の量（7.5t/ha/year）である（3.2.3リター量と枯死木の蓄積参照）。これらは大気中の二酸化炭素から作られたもので、吸収量として加算される必要がある。また、林床の草本もこの吸収に寄与するが、草本はここでは測定されていないので除いてある。したがって、全体の吸収量は年、ヘクタール当たり5.4t+1.9t+2.0t+7.5t=16.8tで、二酸化炭素にして16.8t×0.48×3.7=29.8t$CO_2$/ha/yearとなる（0.48は木材に含まれる炭素の率、3.7は炭素から二酸化炭素に変換するときの係数)。こうすると、放出量（26.3t）と吸収量（29.8t）の比は26.3t/29.8t=0.88となり、大気から吸収した二酸化炭素の88%は土壌呼吸として放出することになる。このように群落は、二酸化炭素の貯蔵庫としては吸収量の約10%程度であることがわかる。

地上の樹木が地面に供給する枯葉や枯れ枝、球果などは土壌生物の生活の糧である。すなわち、森林土壌は土壌微生物群集を養う培地と考えることができる。Tokumasu（1996）によれば、アカマツの落葉は地上に落下すると、数種類の菌類種によって順次分解を受け、アカマツ落葉上の菌類群集の遷移が観察されるという。このような土壌微生物の活動によって落葉などの有機物中の無機物質が土壌中に溶け出し、地上の植物の成長に使われる。

もし微生物による分解、土壌呼吸活動がなければ、地上は生物の死骸であふれ、大気中の二酸化炭素は枯渇してしまうであろう。すなわち、里山の土壌は土壌呼吸をする土壌生物の培地であり生物の生存を支えている。同時に、人間が合成したことのないさまざまな化学物資を産生する場であるとも考えられる。

# 3節　アカマツ林の構造とミズナラの定着

## 3.3.1　アカマツ林の群落組成

1999年に調査したアカマツ林の種類組成を表3.3に示した。枠Aの高木層には400m$^2$当たり、アカマツ63個体、シラカンバ８個体、ミズナラ２個体が生育していた。平均直径（DBH）はアカマツが17cm、シラカンバ12cm、ミズナラ14cm だった。亜高木層にはミズナラの幼樹は42個体 /400m$^2$あって、平均樹高は119cm だった。そのほかの亜高木層の樹木はミヤマザクラの平均樹高が263cm、ヤマウルシ236cm、ミズキ438cm、ズミ227cm、リョウブ427cm だった。亜高木層と低木層に全部で290個体が生育していた。低木層ではレンゲツツジ、ミヤマイボタ、ヤマウグイスカグラが生育していた。草本層ではオオバギボウシ、ノイバラ、ヤマブドウが多かった（図3.17）。

高木層のアカマツ個体は十分種子生産ができる程度に成熟していたが、低木層にはアカマツの幼樹は観察できなかった。一方ミズナラの母樹は結実するほどの木は存在していなかったが、たくさんの幼樹が林床に観察された。これらミズナラの幼樹は、中村（1984）の報告にあるように、カケスによるミズナラ堅果の貯食した種子が発芽したと思われる。

図3.17　調査した菅平のアカマツ林、林内にはアカマツの若木は生育していないでミズナラの幼樹が生育している（口絵２にカラー写真）

このことより、高木層

のアカマツの下にヤマウルシ、ミヤマザクラ、ミズキの亜高木層があり、特にカケスが運んで林床に貯食したミズナラの種子から芽生えた幼樹が林床に生育していたことがわかる。このカケスによる貯食活動は中村（1984）によって本アカマツ林で観察されている。また林床に生育している高木性の幼種はミズナラ幼樹だけであり、アカマツの幼樹は生育していなかった。このことから高木層を形成しているアカマツが枯死した場合、次の世代の高木層はミズナラに交代することが示唆される。

### 3.3.2　群落の階層構造

2003年に測定した15個体のミズナラ幼樹（樹高166～368cm）と75個体の亜高木層の木本（樹高140～387cm）の胸高直径（DBH：cm）と樹高（$H$：m）の関係を求めた。これらの式を作製する際、最大樹高が必要となるので牧野(1951)、北村・村田（1975）より、ミズナラを30m、ミヤマザクラ、ヤマウルシなどの亜高木層の木は13mとした。ミズナラのDBH：胸高直径(cm)と$H$：樹高（m）の関係式は次のとおりであった。

$$1/H=0.464/\mathrm{DBH}^{0.516}+0.036 \qquad (3.3.1)$$

（$R^2=0.7805$、$p<0.0001$）

式3.3.1によれば、直径2cmのミズナラの樹高は2.77mとなる。

またミズナラ以外の亜高木層の木は次式で近似できた。

$$1/H=0.409/\mathrm{DBH}^{0.563}+0.077 \qquad (3.3.2)$$

（$R^2=0.5829$、$p<0.0001$）

これを用いて2m以上の個体の樹高を胸高直径から推定した。

また、上に示した式3.3.1と式3.3.2、さらに前節で示した式3.1.9とを用いて群落全体の樹高の階層構造を図示すると図3.18のように表される。すなわち、高木層は主として樹高8mから20mの間に存在し、平均は16mであった。ミズナラ以外の亜高木層の個体は樹高0～6mの階層に存在する。しかしミズナラは樹高0～2mの階層に96%の個体が存在し、群落は3層構造を構成している。

### 3.3.3　ミズナラの定着と成長

アカマツ林の林床に生育していたミズナラの幼樹は、1998年に400m$^2$当たり169個体（平均樹高44.6cm）存在し、6年後には167個体（平均樹高59.9cm）

表3.3　アカマツ群落における種類組成、DBH（cm)、密度（幹/400m$^2$)、樹高、$v$-value（0.001m$^3$/m$^2$)

| | 階層 | 樹冠層 | | 低木層 | | 草本層 |
|---|---|---|---|---|---|---|
| | 種 | 密度 | DBH | 密度 | 樹高 (cm) | $v$-value |
| 1 | アカマツ | 63 | 17 | | | |
| 2 | シラカンバ | 8 | 12 | | | |
| 3 | ミズナラ | 2 | 14 | 42 | 119 | 0.9 |
| 4 | ヤマウルシ | | | 88 | 236 | 9.1 |
| 5 | ミヤマザクラ | | | 34 | 263 | 3.6 |
| 6 | ミズキ | | | 7 | 438 | |
| 7 | ズミ | | | 5 | 227 | 0.7 |
| 8 | マユミ | | | 5 | 160 | |
| 9 | マメザクラ | | | 5 | 160 | |
| 10 | ウリハダカエデ | | | 6 | 111 | 2.2 |
| 11 | ナナカマド | | | 3 | 250 | |
| 12 | ウワミズザクラ | | | 3 | 242 | |
| 13 | リョウブ | | | 2 | 427 | |
| 14 | コシアブラ | | | 2 | 150 | |
| 15 | マルバアオダモ | | | 2 | 116 | |
| 16 | アオハダ | | | 1 | 476 | |
| 17 | オオバヤナギ | | | 1 | 271 | |
| 18 | アオダモ | | | 1 | 263 | |
| 19 | タラノキ | | | 1 | 254 | 11.3 |
| 20 | カラコギカエデ | | | 1 | 243 | |
| 21 | ヤマザクラ | | | 1 | 142 | |
| 22 | コブシ | | | 1 | 83 | |
| 23 | イタヤカエデ | | | 1 | 60 | |
| | 合計 | | | 170 | | |
| | 低木層 | | | | | |
| 1 | レンゲツツジ | | | 24 | | |
| 2 | ミヤマイボタ | | | 15 | | 5 |
| 3 | ヤマウグイスカグラ | | | 12 | | 2.7 |
| 4 | カンボク | | | 5 | | |
| 5 | ウリカエデ | | | 4 | | |
| 6 | オニグルミ | | | 2 | | |

| | | | |
|---|---|---|---|
| 7 | ノリウツギ | 2 | |
| 8 | ミヤマガマズミ | 2 | |
| 9 | ヤチダモ | 2 | |
| 10 | ガマズミ | 1 | |
| 11 | カマツカ | 1 | 0.3 |
| 12 | クサボケ | 1 | |
| 13 | コマユミ | 1 | |
| 14 | シラビソ | 1 | |
| 15 | チョウジザクラ | 1 | |
| 16 | ノイバラ | 1 | 1.3 |
| 17 | バッコヤナギ | 1 | |
| 18 | オニウコギ | 1 | |
| 19 | ヤマブドウ | 1 | 10.6 |
| 20 | オオバギボウシ | | 23.9 |
| 21 | ツタウルシ | | 18.6 |
| 22 | チョウセンゴミシ | | 12.2 |
| 23 | ツルウメモドキ | | 5.4 |
| 24 | アキノキリンソウ | | 1.8 |
| 25 | ススキ | | 1.2 |
| 26 | ツルリンドウ | | 0.8 |
| 27 | クモキリソウ | | 0.5 |
| 28 | センノキ | | 0.2 |
| 29 | ヒカゲスゲ | | 0.2 |
| 30 | 不明種 | | 0.2 |
| 31 | ワレモコウ | | 0.1 |
| 32 | スズラン | | 0.1 |
| 33 | イチヤクソウ | | 0 |
| | 56種 | 78 | |

となった（表3.4）。

樹高が60cm 以上の比較的樹高の高い個体は、６年間で35個体から43個体へと増加したが、逆に60cm 未満の低い個体は134個体から124個体へと減少した。1999年から2004年までの間に、年間平均12個体（平均樹高22cm）が消失したが、年間平均12個体（平均樹高13cm）が新たに発生し、幼樹の総個体数に大きな変動はなかった。このことから、徐々に高樹高の個体が増加していくことが示唆される。こうして、アカマツ林の林床でのミズナラ幼樹個体群は枯死と再生

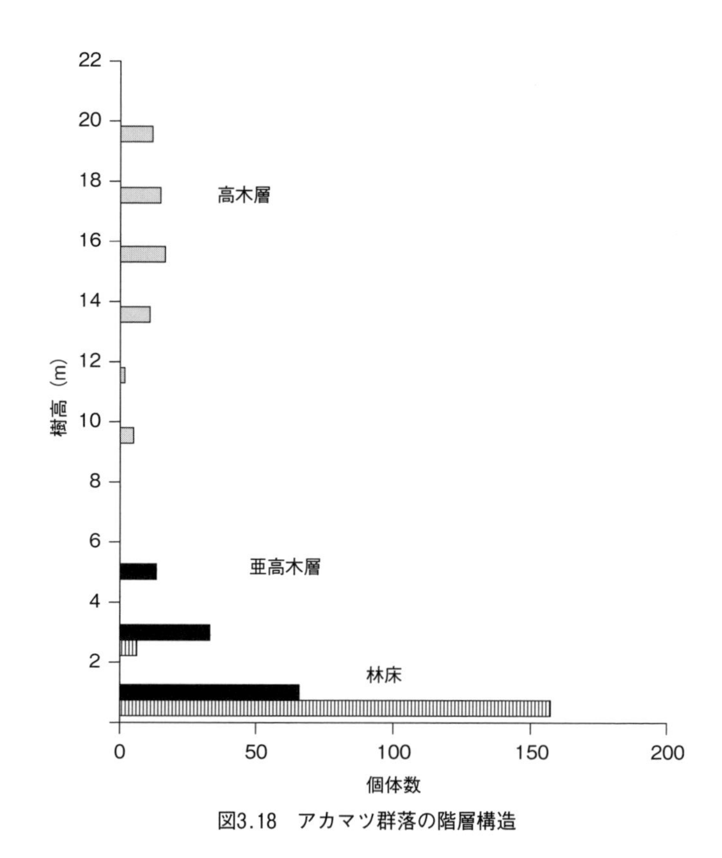

図3.18　アカマツ群落の階層構造

表3.4　ミズナラの400m$^2$当たりの個体数と平均樹高（cm）

| 年 | 合計 | 高樹高個体 | 低樹高個体 | 発生 | 消失 |
|---|---|---|---|---|---|
| 1998 | 169 | 35 | 134 | － | 21 |
| 1999 | 164 | 33 | 131 | 16 | 10 |
| 2000 | 163 | 44 | 119 | 9 | 15 |
| 2001 | 165 | 44 | 121 | 17 | 10 |
| 2002 | 172 | 42 | 130 | 17 | 6 |
| 2003 | 169 | 41 | 128 | 3 | 10 |
| 2004 | 167 | 43 | 124 | 8 | － |
| 平均個体数 | 167 | 40 | 127 | 12 | 12 |
| 平均樹高 | 52 | 147 | 22 | 13 | 22 |

をしながら次のステージのミズナラ林に遷移していくことを予測させる。

2004年におけるミズナラ幼樹個体群の樹高ヒストグラムは、図3.19に示すように樹高50cmまでの個体が一番多く、L字型をしていた。ミズナラの平均樹高は1998年に44.6cmで、6年後の2004年には59.9cmに伸長した（年平均2.6cm）。調査期間中に70個体が発生しそれらの平均樹高は13.1cmであった。また72個体が消滅し、それらの個体の平均樹高は21.8cmであった（表3.4）。この値は岡村ら（2000）とほぼ近いものであった。

アカマツ林床で生育するミズナラ個体群は、このように発生と消滅を繰り返しながら、維持され成長していった。

全個体群のうち樹高60cm未満の個体について、年齢が判明している個体の年齢構成を図示すると図3.20のようになる。1998年以前に発生した個体はだんだん減少し、発生してから2004年まで生き延びた個体は74（55%）であった。全個体の60%が樹齢6歳以上で、発生後6年経っても樹高は60cm未満であることを示している。

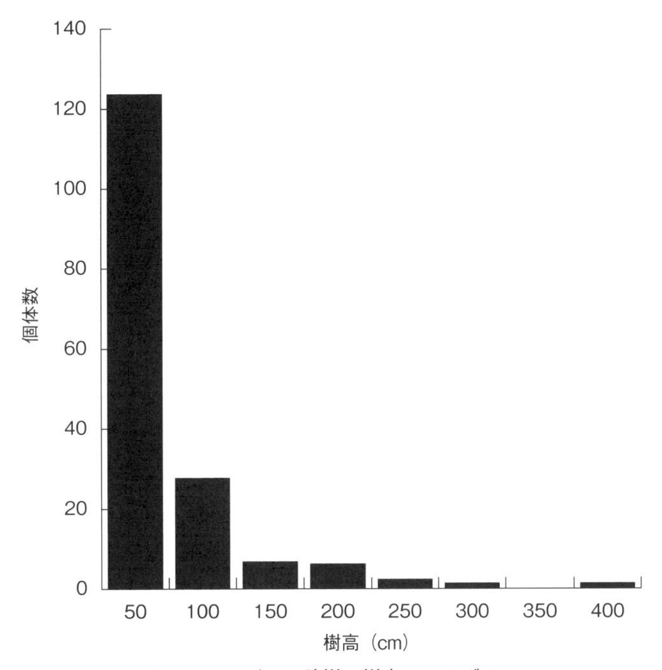


図3.19　ミズナラ幼樹の樹高ヒストグラム

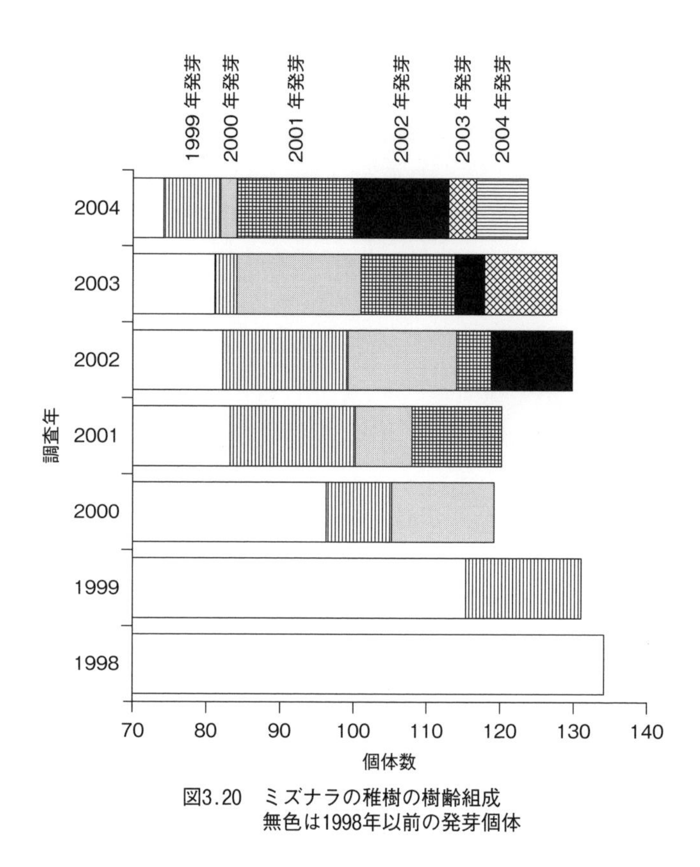


図3.20　ミズナラの稚樹の樹齢組成
無色は1998年以前の発芽個体

ミズナラ個体群の個体数の変動は小さいが、その内容は樹高60cm 未満の個体の数が減少し、樹高60cm 以上の個体が増加したことがわかる。また、樹高60cm 以上の個体の伸長成長が大きく、樹高60cm 未満の個体の伸長は小さいが平均樹高は高くなった。

1998年に60cm 以上の樹高階に存在した35個体は、2004年までの間に75%は正の成長、14%は負の成長をし、11%は消滅した。一方60cm 以下の個体、134個体のうち、正の成長をした個体は44%、負の成長21%、消滅した個体は36%であった。

### 3.3.4　ミズナラ幼樹個体の生存率

樹高の違いによる生存率の経年変化を60cm 以上、30cm 以上60cm 未満、

30cm 未満の3つのグループに分け、それぞれが1998年から2004年の間に生き延びた生存率を検討した。

樹高60cm 以上の個体は1998年から6年後も89％の個体が生存し（年間平均死亡率1.8％）、樹高60cm 未満の個体では平均64％が生存した。樹高60cm 以上の個体の生存率は、樹高30cm 以上60cm 未満の個体と30cm 未満の個体との差は5％水準で有意であった（Peto *et al.*, 1977）。

1998年に発生した16個体では、樹齢1年から樹齢5年の間に56％の個体が消滅した。

### 3.3.5　ミズナラ幼樹の成長

1998年までにアカマツ林の林床には169個体のミズナラの若木が存在していた。そのうち、特に1999年に発生した個体について成長を追跡すると、発生した16個体のうち7個体（44％）はすくなくとも5年間は生存し、その平均樹高は15.7cm から平均29.7cm（15～48cm）にまで成長した。このときの平均成長率（RGR）は0.127であった。

1998年に樹高60cm 以上の個体で6年間正の成長をした26個体の樹高（$H$：m）成長は次のロジスチック式で近似し、その様子を図3.21に黒丸（●）の点線で示した。

$$H=30/(1+23.4\exp(-0.0941t)) \quad (3.3.3)$$

ここで、$t$ は1998年を0としたときの年数である（$R^2$=0.9441、$p<0.0002$）。

また、亜高木層の木の樹高（$H$：m）の成長は、次の式で近似することができた。

$$H=13/(1+4.75\exp(-0.0664t)) \quad (3.3.4)$$

ここで、$t$ は1998年を0としたときの年数である（$R^2$=0.9448、$p<0.0007$）。

前節で述べたアカマツの樹高成長（図3.6）の予測と上記のミズナラの樹高成長の予測を重ね合わせると2052年には、アカマツが26.18m、ミズナラが26.19m となると予測できる（図3.21）。ミズナラは樹冠層のアカマツを追い越し、陽樹であるアカマツは枯れて、優占種はアカマツからミズナラへと交代することが予想され、遷移のステージが進むことが示唆される。

これによって、アカマツ群落からミズナラ群落への交代は1998年の状態から54年要して遷移することになる。

こうして、優占種が交代すると、前節で述べたように構成種も交代し、群落全体として遷移は完成する。

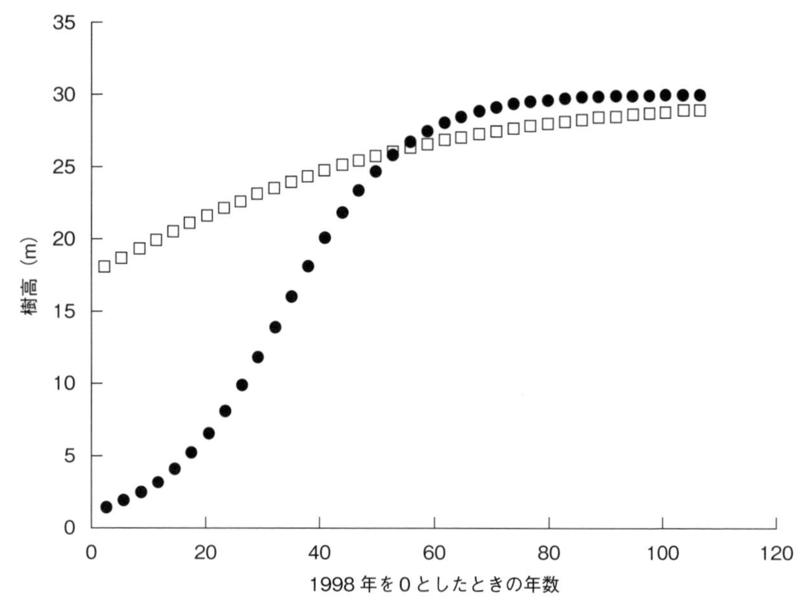

図3.21　ミズナラの稚樹（●）が成長し樹冠層のアカマツ（□）に到達する年数の予測

### 3.3.6　長野県野辺山におけるミズナラの成長

それでは、アカマツ林から遷移したミズナラ林の状態はどうなるか。長野県野辺山において1983年から1986年にミズナラ林の調査を行った。

野辺山は同じ長野県にあり、北緯35.94度、東経138.46度、標高1,350m にある。気象は年平均7.0℃、年降水量は1,465mm で菅平とほぼ同じである。土壌も菅平は根子岳、四阿山の火山灰起源のクロボク土で、野辺山は八ヶ岳起源のクロボク土である。

林床の草本層の植物種は表3.5に示したように、林床にはミヤコザサが多くレンゲツツジが多数生育していた。

この環境条件で成立している野辺山のミズナラ林に、20m×20m の調査枠を1983年に設定し、個体の胸高直径を 3 生育期間 4 年間測定した。

この調査地のミズナラ個体数は78個体 /400m$^2$で平均直径は11.9cm、樹高は8.8m であった。直径ヒストグラムは図3.22のように8.8cm から11.8cm の個体が一番多く、細い個体は 3 cm、太い個体は24cm であった。

表3.5　野辺山ミズナラ林の草本層種類組成

| 種名 | 個体数 /400m² |
|---|---|
| レンゲツツジ | 37 |
| ミヤマイボタ | 30 |
| ミヤマウグイスカグラ | 26 |
| ハシバミ | 23 |
| サワフタギ | 22 |
| ミヤマザクラ | 13 |
| ズミ | 3 |
| オニツルウメモドキ | 2 |
| ニシキウツギ | 2 |
| サルトリイバラ | 1 |
| 草本層 | |
| ミヤコザサ | 被度　70% |

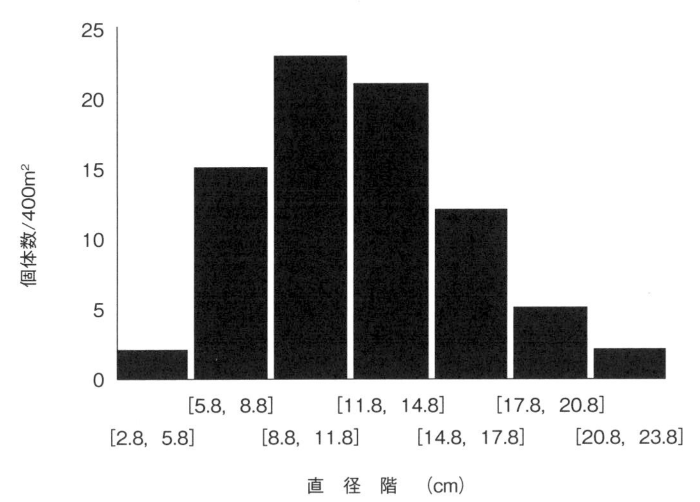


図3.22　ミズナラ個体の直径ヒストグラム

個体群の直径を太いほうから細いほうに順番に並べると図3.23のようになり、等比級数的に並んだ。

この胸高直径（DBH）を直径～地上部個体重量（$Wt$：kg）の関係式：

$$Wt=0.12\times \mathrm{DBH}^{2.4} \quad (3.3.5)$$

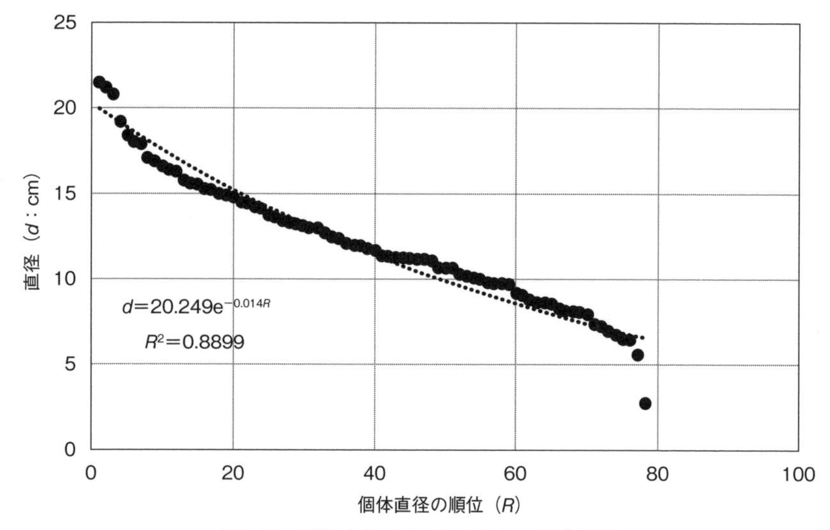


図3.23　野辺山ミズナラ林の直径～順位関係

表3.6　野辺山ミズナラ林の現存量と成長

| | 年 | 1983 | 1984 | 1985 | 1986 | 平均 |
|---|---|---|---|---|---|---|
| 個体数 | /400m² | 78 | 78 | 78 | 78 | 78 |
| 平均胸高直径 | cm | 11.6 | 12 | 12.1 | 12.2 | 11.9 |
| 現存量 | kg/400m² | 4,172.1 | 4,515.8 | 4,580.6 | 4,709.9 | 4,494.6 |
| 成長量 | kg/400m²/年 | | 343.7 | 64.8 | 129.3 | 179.3 |
| 現存量 | kg/100m² | 1,043.0 | 1,129.0 | 1,145.1 | 1,177.5 | 1,123.7 |
| 成長量 | kg/100m²/年 | | 85.9 | 16.2 | 32.3 | 44.8 |

に入れて個体重量と地上部現存量を求めた（5章参照）。その結果を表3.6に示す。

表に示したように、地上部現存量は平均4,494kg/400m²（2.2tC/400m²）でこれを100m²当たりに換算すると1,123.7kg/100m²（0.54tC/100m²）、成長量は平均44.8kg/100m²（22kgC/100m²）となり、5章で述べる上田市伊勢山のコナラ林とオーダーではほぼ同じである。各年の成長量の変動はその年の環境の変動によるものであろう。

# 4章　アカマツ林伐採跡地の植生回復とコナラ林への遷移

植物群落は複数の種類の植物から構成されている。その種類を群落の構成種といい、その中で一番優勢な種類を優占種という。優占種と構成種は、その場所の気温などの環境条件の違いによって変化し、同じ場所でも時間の経過とともに入れ替わる。その入れ替わりの過程を遷移という。遷移は溶岩流の上から始まる（一次遷移）か、森林が伐採された跡地から始まる（二次遷移）かによって異なる経過をたどる。

この章では、アカマツ林などの一度成立した群落が伐採のような人為が加わった跡地から始まる遷移について述べる。これは、撹乱を受けた群落の回復過程として観察される。

# 1節　上田市付近のアカマツ林

## 4.1.1　舞田地籍のアカマツ伐採跡地

この章では長野県上田市舞田地籍におけるアカマツ林伐採跡地の植生回復とコナラ二次林の成長について述べる。長野県上田市周辺の植生はアカマツ林とコナラ－クヌギ二次林およびカラマツの植林からなっているが、近年、アカマツ林からコナラ－クヌギ林への植生遷移が進んでいる。

アカマツ林の林床には、ブナ科の若木が生育し、暖温帯ではシラカシ、コナラやクヌギ、冷温帯ではミズナラが生育する場合が多い（加藤・林，2006）。それゆえ、上田・小県の暖温帯地域ではアカマツ林は、コナラ－クヌギの林に遷移することが予想される（図4.1）。

冷温帯にある上田市菅平で植生遷移の実験をしたKato and Hayashi (2003)によれば、ススキ草原から遷移して自然に成立したアカマツ林には、カケスが林床に貯食したミズナラの種子（果実）が芽生え、ミズナラが優占種となる林へ遷移する。彼らは、そのアカマツ林で、31年間にわたり個体の胸高直径を計

図4.1　上田市付近のアカマツ林：林床にはコナラが生育している

測し、それらのデータから地上部の現存量を算出して現存量の増分を1年間で平均5.4t/haと推定した（3章2節）。この生産量の値が暖温帯のコナラ林の場合でもあてはまるかどうかを知るため、上田市の伊勢山地籍のコナラ林でコナラの胸高直径を10年以上計測し、直径－個体重量関係を用いて地上部現存量の年間平均増加量を計算し、4.6tから5t/haという結果を得た。

本稿では上田市舞田地籍でのコナラ林の成長を調べ、伊勢山と同じコナラ林に遷移するのに何年要するかを予測する。

二次遷移の場合、いったんアカマツ林が成立している立地で、上層木が伐採された場合はその林床に生育していた樹木から遷移が始まる。ここで述べるコナラ若齢林はアカマツ林の林床に生育していた若木（樹高1.5m以上の幼樹）が上層木のアカマツを伐採したのち成立した立地である。ここでは、その結果成立するコナラ林の成長について述べる。

調査地のある上田市の年平均気温と降水量はそれぞれ11.9℃、891mmであった。吉良の暖かさの指数は88℃・月となり暖温帯に当たる。

### 4.1.2　舞田地籍のアカマツ林伐採跡地のコナラ

アカマツ林伐採跡地調査区を設定した上田市舞田地籍は、北緯36°22′4″、東経138°10′38″、標高522mである。この場所は以前、アカマツ群落が成立していたが、老齢のアカマツを伐採したのち、以後放置した場所（立地：植物群落の成立している場所）である（図4.2）。

この立地は地質学的に小川層という地層に属し、いまから1,000万年ほどまえに湖底が隆起した場所で比較的貧栄養の土壌である。斜面の向きはほぼ南西向きの緩い斜面である。その立地に10m×16mの固定調査枠を設定し、枠内のすべての個体に、樹種ごとにプラスチックの番号札を付けて個体識別した。調査日は2012年3月18日、2012年10月14日、2013年12月6日、2014年4月28日、2015年4月26日、2015年12月10日だった。この調査日程によって立地は4生育シーズンを経たものである。

舞田地区のアカマツ林伐採跡地に生育していた樹木は表4.1に示したとおりであった。舞田地区でのコナラ、クヌギなどの若木の密度は2012年に100m$^2$当たり89本であった。

表4.1が示すように、アカマツ林伐採跡地を自然条件下に放置しておいた立地では、2012年の春には、10m×16m（160m$^2$）の面積当たりそれぞれ、コナ

図4.2 (a) 上田舞田地籍のアカマツ伐採地跡実験区 (2012年4月)(口絵2にカラー写真)

(b) 上の場所を自然に放置した10年後の状態 (2022年5月)(口絵2にカラー写真)

表4.1　舞田地区の樹木幹数（10m×16m）と平均樹高（cm）

| 種 | 2012年春 | | 2012年秋 | | 2013年秋 | | 2014年春 | | 2015年春 | | 2015年秋 | |
|---|---|---|---|---|---|---|---|---|---|---|---|---|
| | 樹高 | 幹数 | 樹高 | 幹数 | 樹高 | 幹数 | 樹高 | 幹数 | 樹高 | 幹数 | 樹高 | 幹数 |
| コナラ | 74 | 118 | 103 | 105 | 122 | 119 | 124 | 118 | 159 | 120 | 193 | 120 |
| オオヤマザクラ* | 99 | 34 | 136 | 32 | 156 | 37 | 164 | 37 | 171 | 36 | 172 | 34 |
| クヌギ | 41 | 24 | 52 | 22 | 52 | 24 | 49 | 22 | 55 | 19 | 62 | 18 |
| アカマツ | 38 | 10 | 67 | 7 | 97 | 10 | 87 | 10 | 125 | 10 | 167 | 10 |
| クリ | 152 | 8 | 163 | 6 | 206 | 8 | 214 | 8 | 290 | 6 | 324 | 7 |

そのほかの樹木：ガマズミ・エノキ・エンジュ・ミヤマザクラ・コバノガマズミ。*植栽

ラが118本・平均樹高74cm、オオヤマザクラ（植栽）34本・99cm、クヌギ24本・41cm、アカマツ10本・38cm、クリ８本・152cmが生育していた。このうちオオヤマザクラは植栽されたものである。これらの樹種は、４シーズン後までに個体数に大きな変動はないが、平均樹高は表4.1に示したように成長し、特にコナラは74cmから193cmまで119cm成長した。図4.2bに示すようにコナラが成長し、平均樹高74cmのコナラは年平均29.8cm伸長成長し４生育期後に平均樹高193cmになった。2012年と2015年の樹高のヒストグラムを図4.3に示した。

個体群の樹高は2012年には52～78cmの個体が多かったが、４生育シーズンの間に成長し、2015年には138～184cmの個体が最も多い分布パターンになった。

2012年と2015年の個体群の樹高について、一番高い樹高を持つ個体から低い方へと個体の順に並べると図4.4のようになる。横軸に順位を、縦軸に対数目盛りで樹高をとってある。この図の示すところによれば、この場所に生育していたコナラの若齢樹はすでに、2012年の時点で樹高において大きな差がある。これは立地の個体群が成長の初期に、すでにこういう樹高構造を持っていることを示している。それが４生育シーズンを経た2015年にもこの樹高－順位構造は保存される。個体群には複数の種類の個体が含まれているが、順位は種類に関係なく成立している。

この現象は元村（1932）、沼田（1953）が示したように等比級数則となっていて、この規則性は生物群集に限らず多くの自然現象に現れる。生態現象におけるこの現象についての解釈は今後の課題となるだろう。

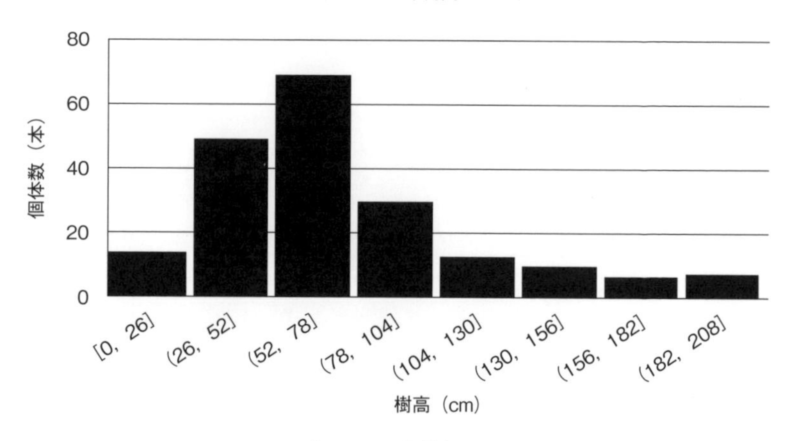


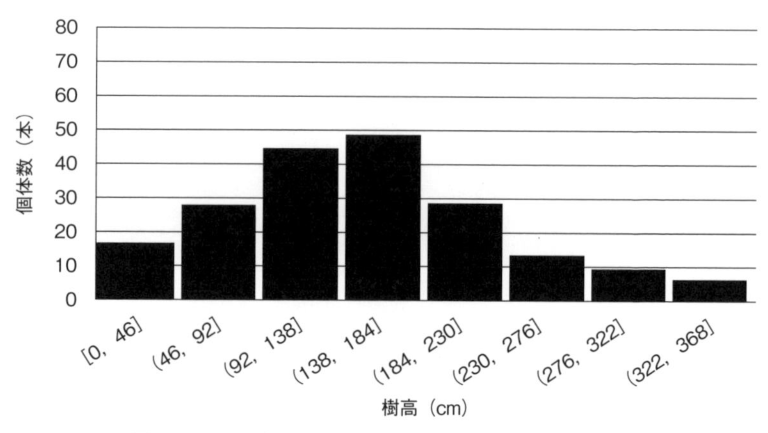


図4.3　コナラ個体群2012年と2015年の樹高ヒストグラム

### 4.1.3　舞田地域におけるコナラ若木の成長

5年間の記録があるコナラ90個体について樹高の高い30本 $H_L$（m）、中位30本 $H_M$（m）、低位30本 $H_S$（m）の個体の樹高伸長成長について式4.1から4.2、4.3式のロジスチック式で近似させた。$H$ は樹高、$t$ は2012年を0年とした経過年数、いずれの式も（$p<0.001$）で有意であった。

$$H_L=20/(1+16.43\times\exp(-0.22\times t)) \tag{4.1}$$

$$H_M=20/(1+27.66\times\exp(-0.26\times t)) \tag{4.2}$$

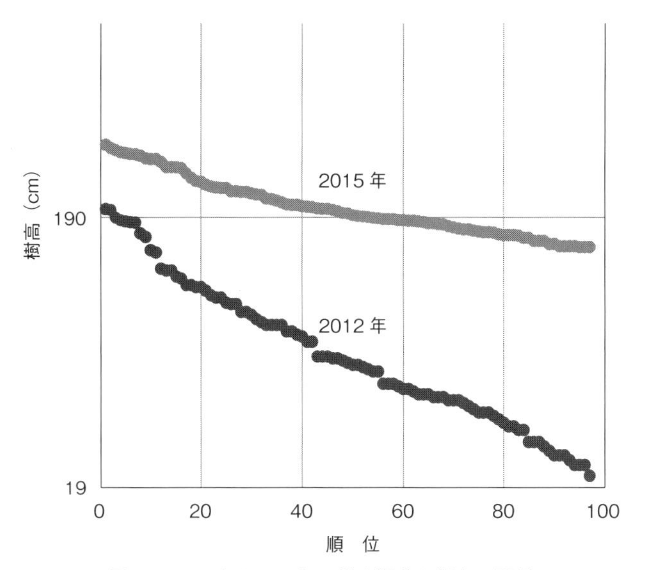

図4.4　2012年と2015年の樹高順位と樹高の関係

$$H_S = 20/(1 + 43.94 \times \exp(-0.29 \times t)) \quad (4.3)$$

このときの成長率は樹高の高いグループでは0.22、中位のグループでは0.26、低いグループでは0.29であった。この例ではこの場所で最高の樹高（K：m）になり得る樹高を20メートル（m）とした。この成長率と最高樹高を使って平均的な個体の成長曲線を図4.5に実測値と予測値で示した。図中の四角（■）で示した点は式からの予測値で、丸（●）は実測値である。およそ20年で樹高16mに達することがわかる。これらの式から、どの大きさのコナラも20年後の2032年には樹高15mを超えることが推測された。この結果は舞田のアカマツ林伐採跡地は5章で述べる伊勢山のコナラ林のような林に遷移することを示唆している。

以上に述べたことから上田市において、アカマツ林伐採跡地は自然条件ではコナラ林に遷移することが予測されるが、このことは伐採する以前のアカマツ林にコナラの若木個体が多数観察されたことからも裏付けられる（図4.1）。上田地域のアカマツ林には、林床にコナラの幼樹が生育している場合が多い。冷温帯にあるアカマツ林がミズナラ林への遷移の場合と同じようにマツ属からコナラ属への遷移が起こり、この遷移系列はアメリカやホンジュラスなどでも観察されている（林，2003）。この実験によるとアカマツ林からコナラ林への遷

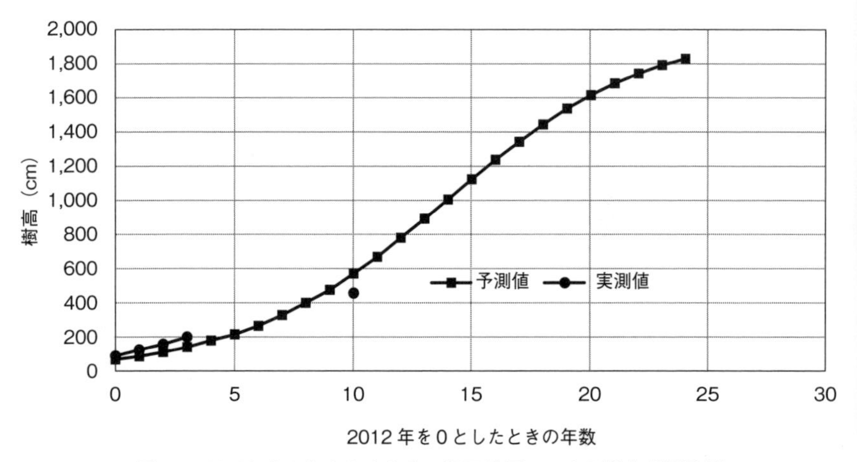


図4.5　2012年を０年としたときの舞田地区のコナラ樹高成長予測

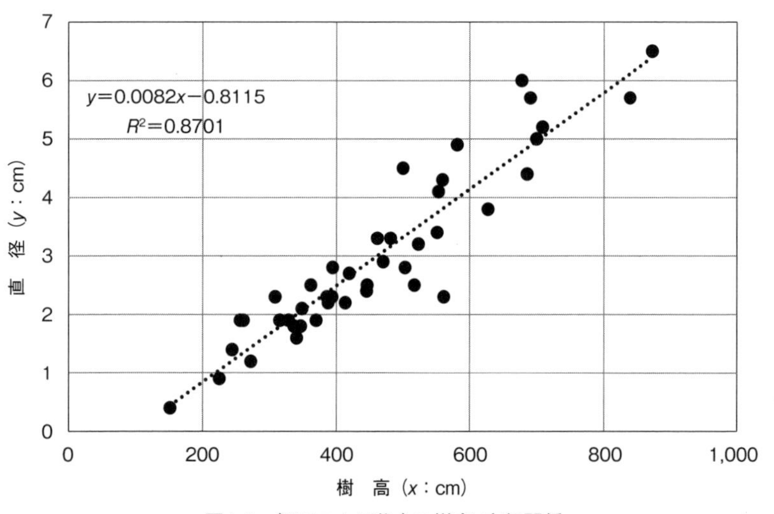


図4.6　舞田コナラ若木の樹高–直径関係

移は、アカマツ林の上層木であるアカマツを伐採除去するとおよそ20年でコナラ林が成立することを示している。

## 4.1.4　コナラ若木の樹高－直径関係

ここで、若木と幼樹は樹高1.5m 以上と未満で区別される。

2011年から2015年までに成長した若木個体の樹高－直径関係を図4.6に示した。

ここでは、樹高（$x$：cm）、直径（$y$：cm）とすると、$y=0.008x-0.81$となる。この関係は樹高180cm位までの範囲で近似的に成り立つが、樹高がそれ以上になれば近似できなくなり、小川（1980）の式に従う。

この式によると、20年後の舞田コナラ林の平均樹高はほぼ16メートルとなり、樹木の幹直径は約12.3cmとなる。コナラの直径－個体重関係は$W=0.13\times D^{2.4}$なので（5章図5.1）、直径の12.3cmを代入すると平均個体重は53kgとなる。個体数が50本/100m$^2$とすると2,650kg/100m$^2$と予測される。

# 2節　コナラ属（コナラ、ミズナラ）林の地上部現存量の比較

## 4.2.1　舞田、伊勢山、長野県野辺山の成林したコナラ属林地上部現存量

第1節で述べた舞田地域におけるコナラ林の地上部現存量の値と、5章で述べる上田市伊勢山地籍のコナラ林、長野県野辺山のミズナラ林（林，未発表）、兵庫県温泉町で測定されたコナラ林（田村ほか，2000）を比較すると、$100m^2$当たり、伊勢山1,500kg、野辺山1,123kg、兵庫県温泉町1,664kg、舞田（予測値）2,650kgとなる。利用の仕方にもよるが、成林したコナラ属林では定面積当たり、似通った現存量を持つと言っていいだろう。

しかし、定面積中の全個体の直径を測るのは時間がかかるので、簡易な方法を考案した。それは、ある面積内の最大の直径を持つ樹木の直径を測り、そこから全体の現存量を推定する方法である（図4.7）。

図4.7は次のようにして描いたものである。まず、調査地の林で、最大の個体の直径を横軸に、縦軸には1ヘクタール当たりの現存量（換算値：ha）を対数目盛でプロットした。これは、大まかな推定値であるが、地上部現存量の推定値を得るのに、個体群中の最大直径から定面積当たりの地上部現存量を推定することができる。

個体群中の最大直径を持つ個体とその群落の定面積、例えば$100m^2$当たりの林では、直径と現存量（換算値：ha）の関係は図4.7のようになる。これは、その群落をつくっている個体群の中の最大直径個体から現存量が一定の精度で推定できることを示している。

図4.7では最大個体の直径（$D$max）と現存量（$W$：t/ha）の間には：

$$W = 0.26 \cdot D\mathrm{max}^{1.9}$$

の関係がある。この関係式一つで、ある地域の現存量の推定ができる。すなわち、地域の異なる群落でも、同じ属の種であればこの式で現存量の推定ができるということである。

この式と今までの式の違いは、前の式では、群落の個体の直径をすべて測定

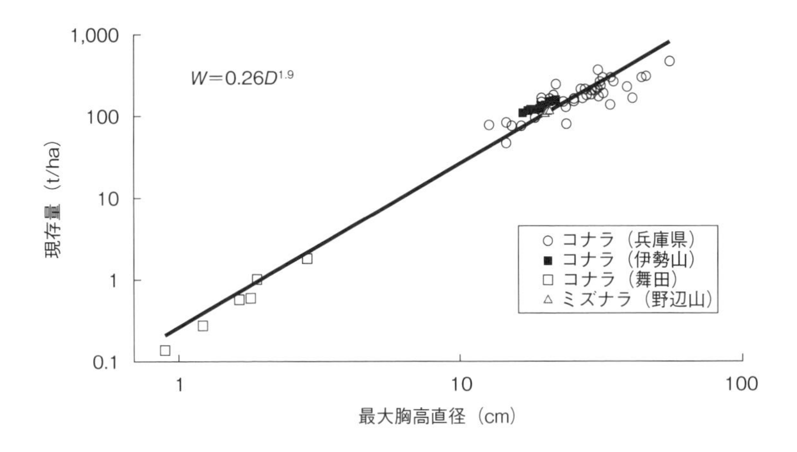


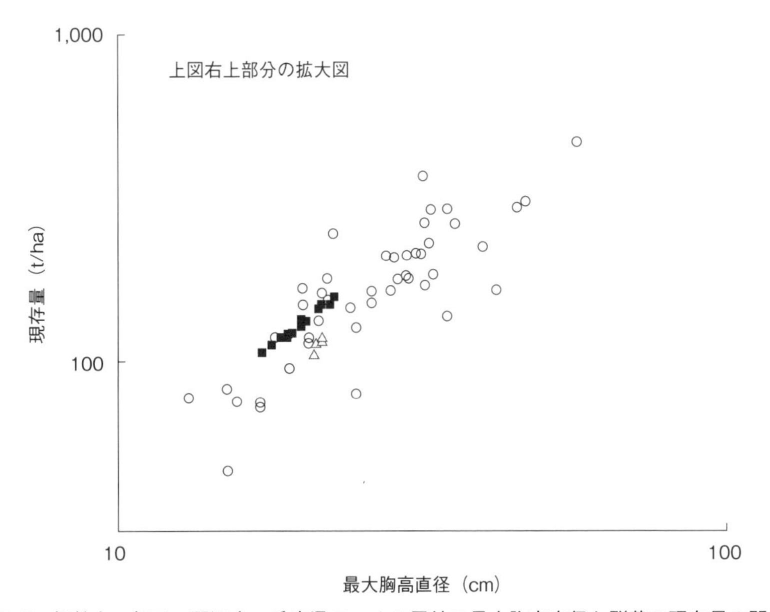


図4.7　伊勢山、舞田、野辺山、兵庫県のコナラ属林の最大胸高直径と群落の現存量の関係

し、個体重量を推定した上で、それを合計して現存量を推定したが、この式では群落内の最大個体の直径から群落の現存量を推定したことにある。これは前に述べた個体群の直径構造に基を置いていると考えられる。

## コラム

本書の3章、4章で樹木の高さが、何年経ったら何メートルになるか、という成長予測を議論した。成長初期の測定でその後の樹高成長の様子を予測することができれば便利である。ここでは、そのとき使われた成長予測式（ロジスチック式）を解説し、その使用の仕方を示す。例として、アカザ（*Chenopodium album*）という草本植物を用いた。

**式の解説**：樹木の成長率がそのときの樹高（$H$）と、その樹木がなり得る最高の高さ（K）との差（$K-H$）の両方に比例定数aで比例するという仮定のもとに記述される微分方程式：$dH/dt = a\,H(K-H)$ があるとする。これを $H$ と時間（$t$）の関係で表すようにすると：

$$dH/dt = a\,H(K-H)$$
$$\int dH/H(K-H) = \int a\,dt$$
$$\int 1/K(1/(K-H) + 1/H)\,dH = \int a\,dt$$
$$1/K(-\ln(K-H) + \ln H) = at + C$$
$$1/K(\ln(K-H) - \ln H) = -(at + C)$$
$$\mathrm{Ln}\{(K-H)/H\} = -(Kat + KC)$$
$$(K-H)/H = \exp(-Kat - KC)$$
$$K/H - 1 = \exp(-(Kat + KC))$$
$$H = K/(1 + \exp(-Kat - KC)) \quad Ka = r,\ \exp(-KC) = b$$
$$H = K/(1 + b\exp(-rt))$$ となる。

ここで、K、r、bの値が決まれば、成長の様子を知ることができる。

**K、r、bの決め方**：ここではアカザを例にして手順を示す。アカザは1年生の草本で、1生育シーズンに3m近い草丈にも成長する植物である（写真）。この植物の草丈を芽生えの時期から数日おきに測った測定値を表に示した。この式は三つのパラメーターを持つが、Kは実測値の240cm、rは平均RGRの0.066、bは最初（0日）の草丈が18cmなので12.3とする。

rの計算は、例えば6月17日の測定値が40cm、20日の値が49cmなので、$\ln(49/40)/3$ で0.068となり平均で0.066

$$H = 240/(1 + 12.3\exp(-0.066t))$$ となる

次頁の表から、K、r、bを決めることができる。Kは実測値の240cm、rは平均RGRの0.066、bを12.3とする。これによってK、r、bを入れた式を作ると、この表の実測値を式に入れて計算した結果は表に示したようになり、それを図に描くと次頁の図のようになる。実測値と計算値がよく一致することがわかる。この式が本書で用いられた成長予測の式である。

表　測定されたアカザの草丈成長

アカザ草丈成長の記録（2021年５月30日）
測定日

| 2021年 | 経過日数 | 実測値（cm） | 計算値（cm） | RGR（r） |
|---|---|---|---|---|
| ５月30日 | 0 | 18 | 18.05 | |
| ６月２日 | 3 | 21 | 21.64 | 0.051 |
| ６月７日 | 8 | 24 | 29.08 | 0.045 |
| ６月17日 | 18 | 40 | 50.53 | 0.170 |
| ６月20日 | 21 | 49 | 58.88 | 0.068 |
| ６月24日 | 25 | 63 | 71.38 | 0.084 |
| ６月30日 | 31 | 81 | 92.67 | 0.084 |
| ７月６日 | 37 | 104 | 115.95 | 0.083 |
| ７月11日 | 42 | 124 | 135.65 | 0.059 |
| ７月20日 | 52 | 165 | 171.73 | 0.095 |
| ７月25日 | 57 | 187 | 186.65 | 0.042 |
| ７月28日 | 60 | 204 | 194.41 | 0.029 |
| ７月30日 | 62 | 210 | 199.09 | 0.010 |
| ８月19日 | 82 | 237 | 227.51 | 0.040 |
| ８月25日 | 88 | 240 | 231.45 | 0.004 |

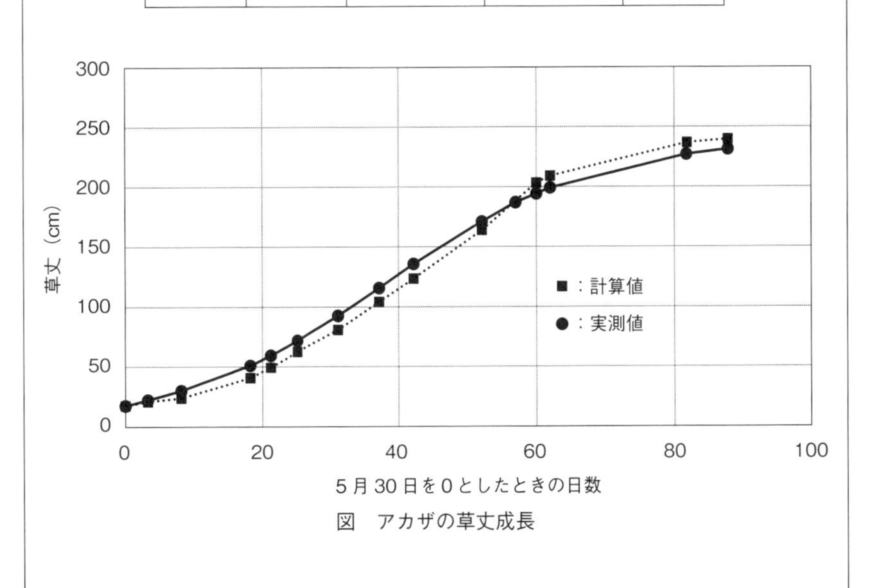


図　アカザの草丈成長

写真　成長したアカザ（左）と若い個体（右）

# 5章　コナラ林の生態系

植物群落を物質循環とエネルギーの流れという観点からみると、群落はひとつの循環系であることがわかる。というのは、群落を作っている植物群が光合成で大気中から二酸化炭素（炭酸ガス）を吸収し、地中から吸い上げた水と無機物質から太陽の光エネルギーを使って有機物を作る。それを動物が食べ、その動物の遺骸を微生物が分解し、二酸化炭素と水は大気と地中に放出され再び植物に吸収されるからである。そのときエネルギーが流れる。このシステムを生態系（ecosystem）という。この言葉はイギリスの生態学者 Tansley によって1935年に提唱された。

里山もまた一つの生態系である。例えば、コナラ林では春になると若葉を展開し（生態系生態学では生産器官を作るという）光合成を始める。樹木は光合成によって有機物を生産し、自らの幹や枝、葉を作る。秋になると落葉し、枯死した枝、葉は地上に落下する。夏にそれを食べていた動物、昆虫なども死ぬ。そうすると、土壌中にいる動物、菌や細菌など微生物がその遺骸を食べ、水と二酸化炭素にまで分解し、二酸化炭素を大気中に放出する。この循環系を見ると、コナラ林も二酸化炭素を出していることがわかる。

# 1節　里山の成長量

## 5.1.1　上田市伊勢山地籍の例

生態系生態学はその場所の植物集団が光合成によって作り出すセルロース、リグニン、デンプンなどの有機物の量を測定することから始まる。その量のことを生態系の一次生産量という。それを食べる昆虫類、その昆虫を捕食する鳥類や哺乳類などはこの生産物に依拠して生活する。さらにそれらの生物の死骸は土壌動物、微生物やウイルスによって二酸化炭素（炭酸ガス：$CO_2$）と水、および無機物質にまで分解され再び植物に吸収される。すなわち、物質は系内を循環しエネルギーは流れる。この循環系を生態系という。生態系は系を構成する構成要素である植物、動物、微生物、ウイルスとそれを支える土壌、大気、水分を含めた全体のことで、樹木に注目した場合を森林生態系、草に注目したときは草原生態系などという。

里山は応用生態学的面から見ると林業として木材を生産し、キノコや山菜などを採る場所でもあり、人々の行楽の場でもある。

里山はまた土壌保全の機能を持つとともに、そこの林木は太陽エネルギーを保存して人間社会のエネルギー源でもある。石油やガスがまだ輸入されていなかった時代には日本はこのエネルギーを使って生活していた。そして、今日、再び日本のエネルギー問題が課題となっている。というのは、現在日本の電力エネルギー源の約90パーセントは原油、天然ガスなど海外から輸入されたものであり、世界的なエネルギー需給の面で社会的な変動にさらされているからである。

ここではエネルギー源としての里山について応用生態学の観点から述べる。

生態系の定量的研究は構成要素である植物集団がどの位の有機物を生産するかを定量することから始める。

前の章で取り上げたアカマツ群落、コナラ群落、ミズナラ群落はいずれも里山の生態系である。里山林生態系の研究はそこの林木が、その場にどの位現存し、それがどの位成長するかの測定を行う。ここでは、上田市伊勢山地籍のコナラ林を例として述べる。

植物の成長量は植物体の総光合成量から呼吸量、枯死量、動物による食害量を差し引いた量を指す。このことは、里山がどの位のエネルギーを固定し、同時にどの位の二酸化炭素（炭酸ガス：$CO_2$）を吸収し、材として蓄積するかを明らかにすることである。また、土壌呼吸としてどの位放出するかについても議論する。

### 5.1.2　群落現存量の測定方法

そのためには単位面積当たりの里山林すべての林木の重さを合計した総重量を測定し、それが単位時間当たり（1生育期間当たり）に増える量を測定する必要がある。しかし、その場所の林木全部の総重量を測るにはすべての樹木を切り倒して重さを測らなければならないし、切り倒してしまえばその増加量を測ることはできない。この問題を植物生態学はある仮定を置いて次のように解決した。

その仮定とは、樹木個体のある部分、例えば幹の直径と樹木全体の重さの間には一定の規則的関係があるという仮定である。この仮定が正しいことは次の図によって確かめられた（図5.1）。

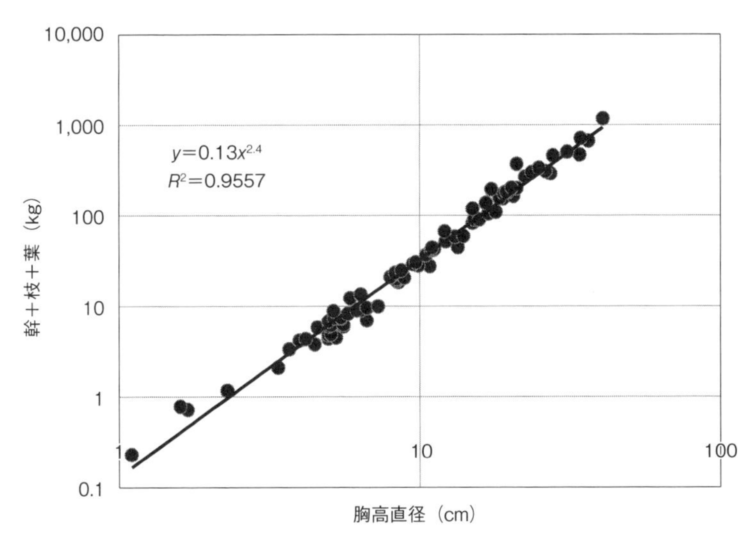


図5.1　コナラ樹木個体の胸高直径（cm）と個体の重量（kg）
この図は渡辺・八木（1985）、片桐・他（1984）、その他のデータから描いた。参照した文献は巻末に掲げた

図はコナラを例として描かれたものである。横軸に地表面から幹の1.2メートルの高さの直径（これを胸高直径 Diameter at Breast Height：DBH という）をとり、縦軸にその樹木の幹と枝、葉の乾燥重量を対数目盛りでプロットするとその関係は直線で表される。その直線の関係式は直径を $D$（cm）で、重量を $W$（kg）で表すと：

$$W=0.13\times D^{2.4} \tag{5.1}$$

という関係で示すことができる。これを相対成長式（アロメトリー）という。一度、この関係が得られると、以後は樹木を切り倒すことなく生きたままの個体の直径を測定すれば、この式を使って個体の重量を推定することができる。また、一定期間をおいて直径を測定すると、その増加量から個体の重量増を推定できる。

この式は、樹木を切り倒すことなくその個体の重量を推定するのにきわめて有効なツールであるが、この式を得るためにどんな作業が必要であったかを知っておくことは有意義なのでそのことを述べておこう。

①測定しようとする樹林で、その林を構成する林木の直径が異なる試験木を十数本選ぶ。その木を地際から伐採し、根元から1.2メートルの位置の直径（胸高直径）を測る。

②個体を幹、枝、葉に分解し、各々の部分の重量を測る。その一部を資料標本（新鮮資料）として実験室に持ち帰り：

③80℃の熱風乾燥機で48時間以上乾燥し水分を除く。さらにシリカゲルのような乾燥剤と一緒に密閉容器に保った後、重量を測る。

④この資料を絶対乾燥資料といい、95%以上の水分を除いた資料となる。

⑤その絶対乾燥資料の重さを測り、新鮮資料双方の重さとの比を求め樹木の水分含量を決める。新鮮資料から水分を引いた値が乾燥重量である。

⑥その比率を最初に測った新鮮資料の幹、枝、葉に乗じて個体全体の乾燥重量とする。

こうして、樹木の直径を測ることからその個体の乾燥重量を、樹木を伐採することなく知ることができる。図の中の１点１点は樹木１本１本に当たるので、この図から生態研究者の努力を知ることができる。

この式は係数部と指数部の二つのパラメーターとよばれる数からなっている。樹種が違うとこの数値が変わるので、上の作業は樹種ごとに行われなければならない。

いままで多くの生態学者や林学者によって得られた樹種についての係数と指数を表5.1に示した。この表には直径と個体の枝、幹、葉の重量が示されているが、根の重量が測定されていない。そういう意味で不十分であるが、根の測定自身が困難であるので、将来に残された課題といえる。しかし、アカマツやブナなど一部の樹種では根の重量の測定がなされていて、地上部（幹、枝、葉）と地下部（根、地下茎）の比が計算されている（林，2003；3章)。表5.1からいろいろな樹種について、直径から個体の乾燥重量を推定することができる。例えば、アカマツでは係数が0.13、指数は2.12なので直径10cmの個体重量は$0.13\times10^{2.12}$で、乾燥重量は17.13kgとなる。

表5.1　樹木の胸高直径と個体各部の重量の相対成長関係

| No | 種 | 個体数 | 幹＋枝＋葉 | | | 幹＋枝 | | |
|---|---|---|---|---|---|---|---|---|
| | | | 係数 | 指数 | $R^2$ | 係数 | 指数 | $R^2$ |
| 1 | アカマツ | 121 | 0.1312 | 2.1228 | 0.9422 | 0.084 | 2.3676 | 0.985 |
| 2 | アベマキ | 12 | 0.2556 | 2.1526 | 0.9266 | 0.2693 | 2.1274 | 0.9281 |
| 3 | アラカシ | 19 | 0.272 | 2.0184 | 0.9494 | 0.2161 | 2.085 | 0.951 |
| 4 | ウダイカンバ | 22 | 0.0657 | 2.7341 | 0.9705 | 0.0657 | 2.7279 | 0.9705 |
| 5 | クスノキ | 15 | 0.1162 | 2.4474 | 0.987 | 0.1141 | 2.4464 | 0.9868 |
| 6 | コジイ | 107 | 0.1496 | 2.08 | 0.9165 | 0.1263 | 2.1094 | 0.9245 |
| 7 | コナラ | 80 | 0.1319 | 2.3924 | 0.9841 | 0.1178 | 2.4211 | 0.9858 |
| 8 | シラカシ | 35 | 0.2427 | 2.1339 | 0.9653 | 0.1946 | 2.1906 | 0.9722 |
| 9 | シラカンバ | 12 | 0.0629 | 2.5835 | 0.9746 | 0.0589 | 2.5898 | 0.9732 |
| 10 | スギ | 89 | 0.0835 | 2.4159 | 0.9885 | 0.0551 | 2.4839 | 0.9894 |
| 11 | ソヨゴ | 14 | 0.1439 | 2.3101 | 0.9737 | 0.0895 | 2.485 | 0.975 |
| 12 | ネズミモチ | 14 | 0.2276 | 2.1003 | 0.9734 | 0.1883 | 2.0652 | 0.9434 |
| 13 | ハクウンボク | 13 | 0.1213 | 2.2784 | 0.8902 | 0.1132 | 2.2896 | 0.8859 |
| 14 | ヒサカキ | 65 | 0.3145 | 1.4917 | 0.8289 | 0.2793 | 1.5033 | 0.8245 |
| 15 | ヒノキ | 72 | 0.0739 | 2.4822 | 0.9863 | 0.0558 | 2.5289 | 0.9854 |
| 16 | ホオノキ | 13 | 0.0482 | 2.6429 | 0.9788 | 0.0465 | 2.6468 | 0.9787 |
| 17 | ミズキ | 11 | 0.1973 | 2.244 | 0.8573 | 0.1851 | 2.2583 | 0.8539 |
| 18 | ミズナラ | 25 | 0.1188 | 2.4158 | 0.976 | 0.0692 | 2.6077 | 0.9934 |
| 19 | ヤシャブシ | 15 | 0.1073 | 2.512 | 0.9923 | 0.0955 | 2.5296 | 0.9945 |
| 20 | ブナ | 16 | 0.1216 | 2.3249 | 1.0 | 0.1141 | 2.3249 | 1.0 |

$W=a\times(DBH)^b$　a：係数、b：指数
例：アカマツ　$W=0.13\times(DBH)^{2.12}$

表5.1のコナラの数値を使って、実際に、上田市付近の里山が1年間にどの位成長するかを推定した。

### 5.1.3 コナラ群落の一次生産：長野県上田市での事例

上田市伊勢山地籍は北緯36°24′40″、東経138°18′05″、標高673mにある。土壌は、1万年から4万年ほど前の烏帽子岳東側の噴火による溶岩台地の上にできた層であるとされている。この場所は、長い間薪炭林として利用されてきたが、燃料が石油などの化石燃料に転換されてから放置されて現在に至っている（図5.2)。

林内に10m ×10m（100m$^2$）の固定調査枠を設定し、枠内のすべての個体にプラスチックの番号札を付け個体識別した。ここでは、根元から萌芽している樹木の幹も1個体として扱っている。その全個体について胸高直径を測定した。測定に際し、太い樹木は直径巻尺を用い、細い樹木はノギスを用いて測定した。測定日は、2011年4月17日、2011年12月4日、2012年12月2日、2013年12月2日、2014年4月26日、2014年12月7日、2015年12月5日、2016年12月2日、

図5.2　調査地のコナラ林（口絵3にカラー写真）

2017年12月22日、2019年4月22日、2019年12月10日、2021年2月24日、2021年12月3日で、この間に林は11生育期間を経過した。調査地のコナラ林における2011年4月の群落種類組成表を表5.2に示した。

この群落にはコナラが100m$^2$当たり55個体、クヌギ6個体、カスミザクラ5個体、ヤマザクラ2個体が生育していた。2015年12月の個体数と平均直径はコナラ50本・直径5.9cm、クヌギ5本・14.3cm、カスミザクラ5本・2.5cm、ヤマザクラ2本・4.2cm、合計62本で平均6.3cmであった。暖温帯の落葉広葉樹林としては典型的な種類組成ということができる。群落の高木層個体群の直径分布ヒストグラムの経年変化を図5.3に示した。

最大19.9cmから最小0.8cm、平均6.3cmと直径の個体変異を示した。2011年から2022年の間に太い直径の個体が増加すると同時に個体群内で7cmを境

表5.2　調査地の種類組成

| 種　　類 | 個体数/100m$^2$ |
|---|---|
| コナラ | 55 |
| クヌギ | 6 |
| カスミザクラ | 5 |
| ヤマザクラ | 2 |
| コバノガマズミ | 7 |
| ミヤマウグイスカグラ | 5 |
| ヤマツツジ | 4 |
| ナツハゼ | 2 |
| マユミ | 2 |
| ヤマウルシ | 2 |
| アブラチャン | 1 |
| カスミザクラ（低木） | 1 |
| ガマズミ | 1 |
| ケヤキ | 1 |
| コマユミ | 1 |
| ダンコウバイ | 1 |
| ツノハシバミ | 1 |
| ナツグミ | 1 |
| ノイバラ | 1 |
| ミツバアケビ | 1 |
| ヤマコウバシ | 1 |

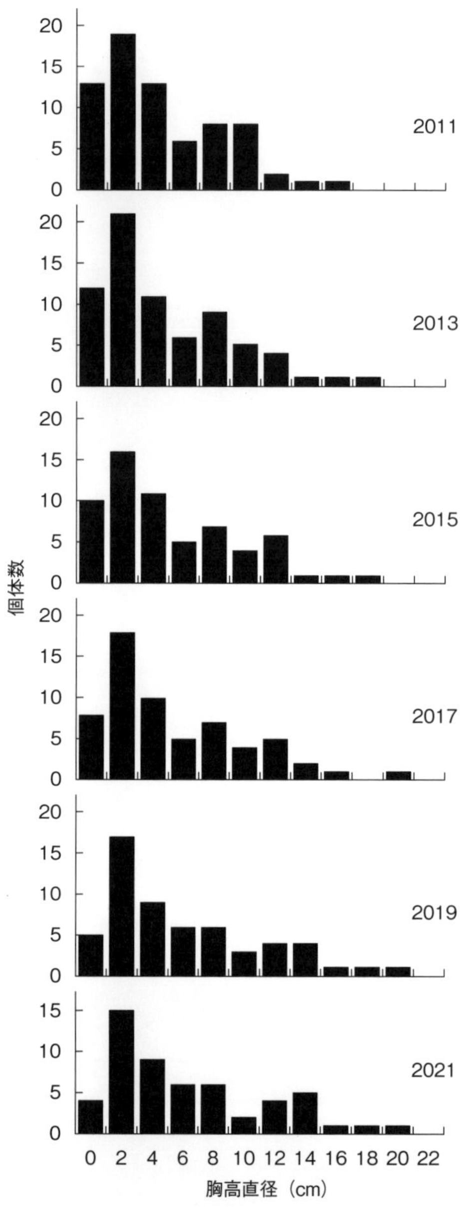


図5.3　個体群の直径ヒストグラムの経年変化

に階層化が進んだ。

この群落の10年間の全個体数（個体群）の変化を図5.4に示した。2011年に68本であった個体数が11生育期間中に18本枯死し、2021年には50個体に減少した。

個体群は成長の過程で個体間の競争などによる自己間引きにより数が減少する。年平均1.7本の個体が枯死した。

このコナラ林において定面積当たりの地上部（幹と枝、葉）の乾燥重量と年間の増加量を求めた。根の重さは除いてあるので、ここでは幹と枝、葉の現存量ということである。葉は秋には落葉するので、保存されているエネルギーは幹と枝に含まれるエネルギーである。

### 5.1.4　群落の現存量と増加量

林木の幹と枝、葉を基にして樹林が吸収した二酸化炭素の量と固定したエネルギーを推定した。樹木の幹、枝、葉の量を地上部現存量と呼ぶ。

さきに述べたように胸高直径（$D$：cm）はその樹木の重さ（$W$：kg）と相関があり、その関係式はコナラの場合は表5.1より次の式を用いた。

$$W = 0.13 \times D^{2.4} \tag{5.2}$$

そこで、毎年測った一本一本の樹木の直径 $D$（cm）をこの式に代入して重さ $W$（kg）を計算し、それを足し合わせて10m ×10m（１アール）の面積内

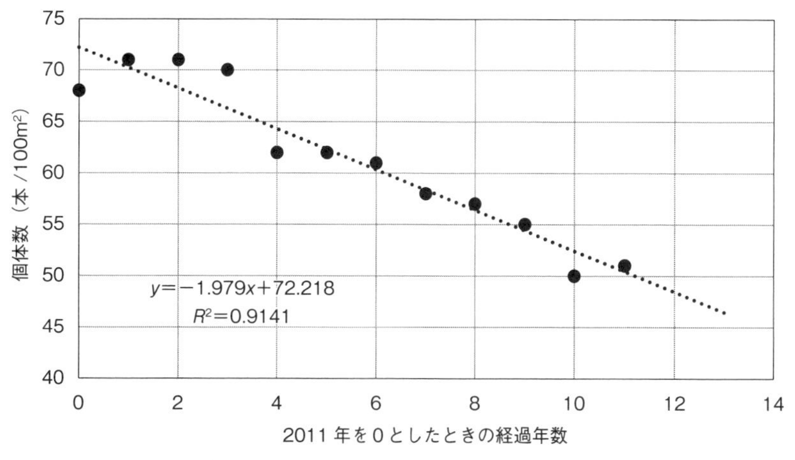


図5.4　2011年を０としたときの経過年数と個体数の減少

に生育している地上部現存量を推定した。

その結果を表5.3に示した。葉を除いた現存量は、表5.1によると、係数部が0.12である。表5.3によると現存量は2011年には100m$^2$当たり1,017.3kgであり10年後の2021年は1,504.5kgであった。増加量は年間ほぼ40kgから55kgの間にあるが、7年目の15.6kgと8年目の95.5kgはそれより外れた値である。これは生育期間の気候の違いや測定時期の違い、個体群の枯死が起こり個体群から除かれたためである。この地上部現存量の増加の様子を図5.5に示した。こうすることで、現存量の増加傾向が可視化できる。

2011年から2021年までの地上部現存量の増加は、この期間では、グラフのように直線で近似でき、次の式で表される（$W$ kg：現存量、$t$：年)。

$$W = 46.3t + 959.26 \qquad (5.3)$$

この式から、この林の地上部現存量は10m×10m（100m$^2$）の面積当たり毎年46.3kgずつ増えていることがわかる。

しかし、この式は群落がまだ成長期にある若い時期の、10年ほどの期間に近似的に当てはまるに過ぎない。なぜなら、それは樹木の持つ成長の仕方に理由がある。樹木は葉の光合成によって幹、枝、根（非光合成器官）を作り、それらの呼吸によって葉の作った有機物（セルロース、リグニンなど）を消費し、残りを蓄積して成長していく。それに対し、光合成器官である葉は周期的に落葉して自身を作り変える。非光合成器官が年々増加するのに対し、葉はそれと

表5.3　2011年からの現存量の変化

| 年 | 経過年 | 現存量 (kg/100m$^2$) |
|---|---|---|
| 2011 | 0 | 1,017.3 |
| 2012 | 1 | 1,071.6 |
| 2013 | 2 | 1,126.2 |
| 2014 | 3 | 1,127.3 |
| 2015 | 4 | 1,163.8 |
| 2016 | 5 | 1,219.6 |
| 2017 | 6 | 1,270.6 |
| 2018 | 7 | 1,286.2 |
| 2019 | 8 | 1,381.7 |
| 2020 | 9 | 1,437.5 |
| 2021 | 10 | 1,504.5 |

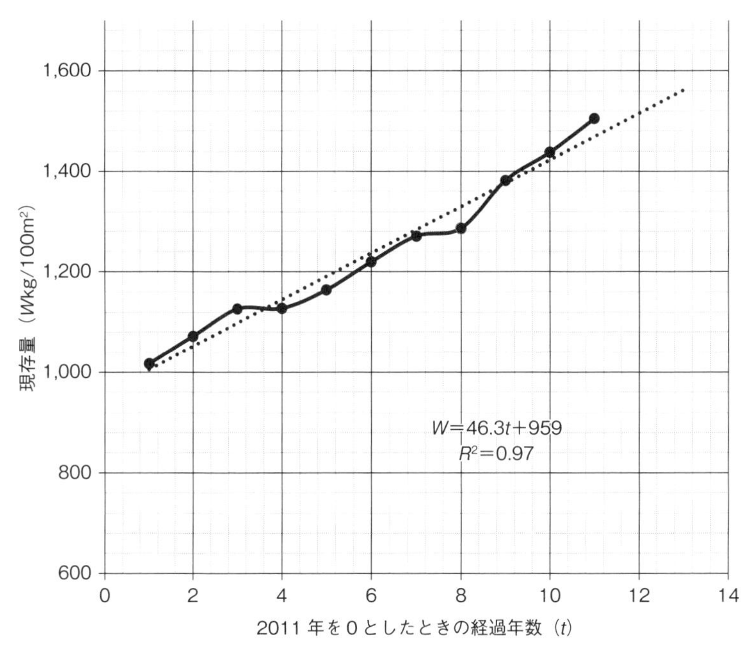


図5.5　2011年から2021年までの地上部現存量の増加

同じ率では増加しない。その結果、樹木が成長するにつれて、非生産器官が増し、呼吸が葉の生産する有機物量を上回り、結果として樹木の二酸化炭素の吸収と放出が等しくなり成長が止まる時期がくる。この時が樹木個体の、みかけの二酸化炭素の吸収が止まる時である。もう一つは樹木個体群としての群落の現存量が増えない時期がある。それは群落の個体群の間の自己間引きによって個体が枯死し、群落から除かれるからである。これによって現存量は増えないか、減る時期がある。そして、その枯死体が土壌微生物によって分解され二酸化炭素として大気中に出る。こうして、植物群落は自身の呼吸と土壌微生物の呼吸によって二酸化炭素を大気中に放出している。

しかし、ここで述べている成長中の林では、$100m^2$当たり46.3kg増加し、この量は、ヘクタール（100m×100m）当たりに換算すると4.63トン（t）となる。材木は約48%の炭素（林，2003）を含んでいるとされているので、この地上部現存量が含む炭素はヘクタール当たり2.2トンということになり、二酸化炭素（$CO_2$）に換算すると8.1トンとなる。すなわちこの林はヘクタール当たり１年間に8.1トンの二酸化炭素を吸収して幹と枝に蓄積していることになる。1ヘクタールの面積に生育する樹木が空気中の二酸化炭素（$CO_2$）を1年間に8.1トン吸収して、地中からの水と太陽のエネルギーで樹木の幹と枝、葉を作ったことを意味する。

しかし、ここで注意しなければならないことは、森林を林床土壌も含めた全体の系として見ると、森林は二酸化炭素を吸収するだけでなく、同時に土壌呼吸によって大気中に放出していることである。

例えば、このコナラ林の土壌へ落下してきた落葉などは、微生物の呼吸によって分解され、大気中に放出される。この量は表5.1から計算でき、2021年の場合、年の地上部現存量は1,580kg のうち121kg/100m$^2$（8％）となる。この量が秋に落葉し、樹木の枯死部分とともに土壌微生物の呼吸の基質となる。これと林内の樹木の生きた根の呼吸量を足した二酸化炭素が主な土壌呼吸として大気中に放出される。この放出量は3章のアカマツ林の例で述べたように、樹木が吸収した量のおよそ90％に当たる。すなわち、森林生態系は炭素の貯蔵体としては地上部現存量の3％ほどとなる。

だが、森林から放出される二酸化炭素は土壌中の微生物群集（叢）と植物の根の活動の結果として排出される物質である。その意味で、土壌は土壌生物を培養する培地であり、根は地上の植物への水や養分の供給体なのである。この養分は微生物による枯葉や枯れ枝の分解活動によって土の中に出てきて、地上の樹木に吸収され成長を支える。したがって、この土壌が森林の成長、すなわち太陽エネルギーの固定を支えていることになる。

こうして増加した木材の100m$^2$当たり46.3kg は分解されずに材として残る量である。この量はエネルギーにするとどの位になるであろうか。乾燥した木質1gを高圧酸素のもとで燃やすと、約4キロカロリー（16.74キロジュール）のエネルギーを出すとされているので（Takahashi and Hayashi, 1978；田阪, 2007)、この値を46,300g に乗ずると185,200キロカロリー（774メガジュール）となる。このエネルギーは次節で述べるように薪をストーブなどで燃やし熱エネルギーとして、また、電気エネルギーに変換して利用することができる。

### 5.1.5 群落の個体群構造

いままでに述べたコナラ林の一次生産量は個体群全体のものであるが、それを構成個体の個々の重量にまで立ち入ってみると個体の間の重量に個体差があることがわかる。個体群の中には重い個体もあれば小さく軽い個体もあるということである（図5.6）。それを全部足し合わせたものが、表5.3に示した群落の重さなのであるが、それでは、この個体群の重量構造はどうなっているのか。その関係を図5.6に示した。この図は一番重い個体から順に一番軽い個体までを横軸にプロットし、縦軸にそれぞれの個体の重さを対数目盛りでプロットしたものである。

順位と個体重量のあいだに一定の規則的な関係があり、順位が下がるに従って規則的に重さが減少する。この関係は昆虫群集において元村（1932）によって発見され、等比級数則とよばれ、後に沼田ら（1953）によって植物群落に適用された。この現象は植物群落の内部で個体間の相互作用の結果、起こるもので、なぜそういう構造になるかは群落生態学の課題となる。

なぜ、このような規則性が生ずるのかについて、次のようなモデルを考えることができる。各個体の重量（$W$）と重量の順位（$R$）の間には指数的関係があり、個体の順位に対する重量変化率は個体群内の順位と次のような関係がある。それは $\mathrm{d}W/\mathrm{d}R = -\mathrm{a}W$ で、これを $W$ と $R$ の関係に書き改めると、

$$W = \mathrm{b} \times \exp(-\mathrm{a}R) \qquad (5.4)$$

となる。

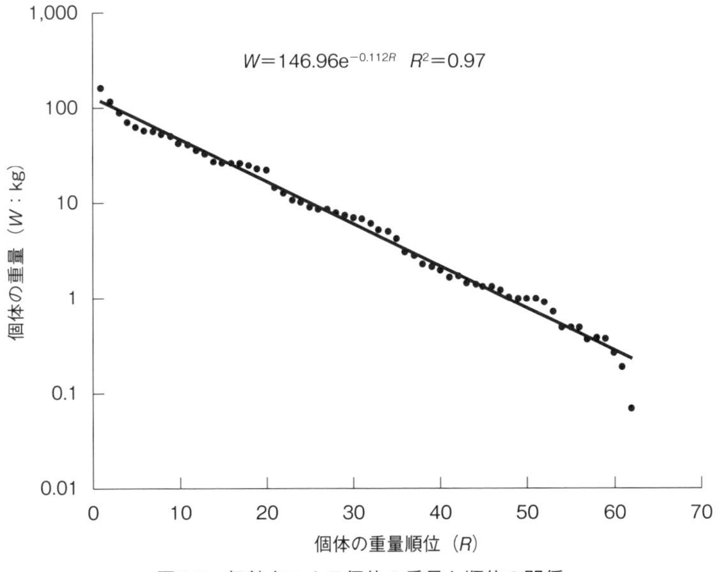


図5.6　伊勢山コナラ個体の重量と順位の関係

この関係の意味するところは、個体重量（$W$）が個体の置かれた順位（$R$）によって決まるということで、生態学的背景として順位はその群落内の個体の置かれている生態学的環境によって決定されるということである。

# 2節　里山の利用

## 5.2.1　里山から電気を

前節の5.1.4に述べた林木の持つエネルギーを電気エネルギーに変換し蓄電することができれば、里山の木材の持つエネルギーを電気エネルギーとして利用することができる。その方法の一つにゼーベックの原理を用いた熱電発電がある。これは1821年にドイツの物理学者ゼーベックによって発見された原理で、2種類の金属を接合して一方の接合部を熱すると電圧が発生することを見出した発見である。現在は金属の代りにテルル、ビスマスなどの半導体を用いている。これは、従来のいわゆる「バイオマス発電」とは異なる原理で、バイオマス発電が交流電流を生み出すのに対して熱電発電は直流電流である。

熱電発電を用いるに当たって、里山から林木を採取してそれを燃焼させ、その熱を電気エネルギーに変換してリチウムイオン蓄電池に蓄電する装置を製作した（図5.7A、B、C、D、E、F）。図5.7（B）に示したように野外用のストーブにその装置をのせ、下から熱を加え、上部を熱交換器で冷やしてその温度差によって電気を取り出した。それによっておよそ34V、0.5A の電力を得て、12V の蓄電池に蓄電した（図5.7A、B、C、D）。この起電力はゼーベック素子の能力に依存しているので、この能力を上げる技術改良によってさらに増大するだろう。その電気を用いて図5.7E、F に示すような家電を使うことができる。このような装置自体は古くから作られてきた。しかし、このシステムの意義は、エネルギーの供給を里山からの林木に求め、電力に変えそれを蓄電池に蓄えることにある。これによって、電線で配電することなく、家庭などの電気を使うことができる。出力電力は小さいけれども、これが多くの家庭で利用されると、地域で使うエネルギーの一部をその地域で創ることができるだろう。1箇所で巨大なエネルギーを創り電線によって各家庭に分配するという方法とは、基本的に異なる生態学的な方法である。

このシステムの考慮すべき点は、発電のための材木の伐採量に制限があることである。里山は年間に1ヘクタール当たり平均4.6トンの純成長量があるが、それを超す量の林木を採取すると林は荒廃する。これは生態的制限であり、こ

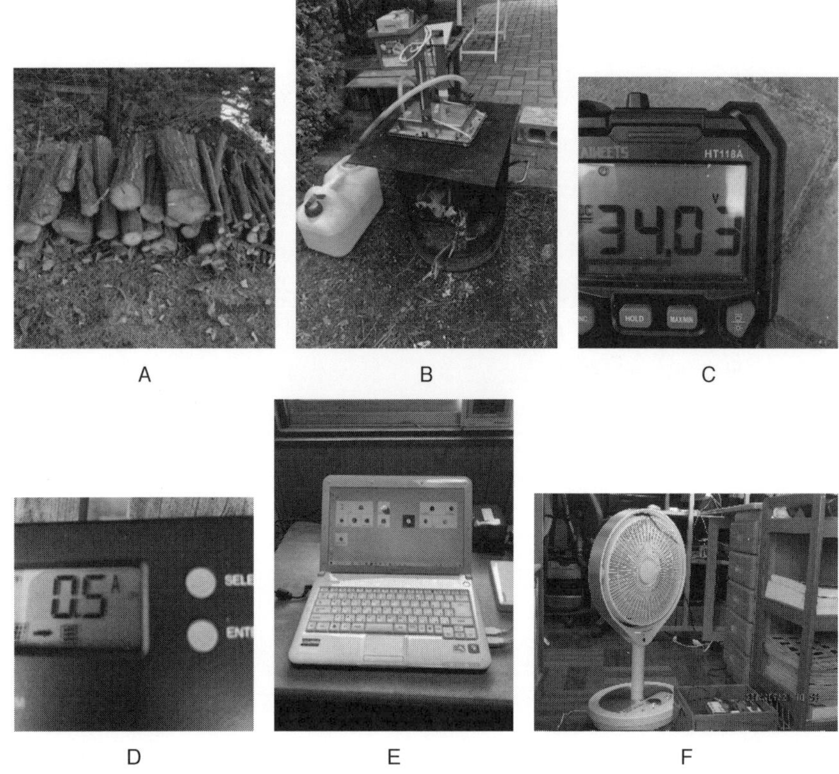


図5.7　A：里山から採取した薪、B：熱電発電装置、C、D：B の装置で発電した電圧と電流、E、F：その電気で使用した家電（口絵 3 にカラー写真）

の解決は人間の側の生活をそれに合わせるようにすることが生態学的解決である。

## 5.2.2　気温変動に対する里山の緩和効果

里山はエネルギーの固定、土壌棲生物群集の培養、発電のためのエネルギー資源などとともに環境の改善に役立つ。

長野県上田市の里山でコナラ林内とその近くの芝地に自記温度計を設置して、林内と林外の温度を自記させた（図5.8）。測定は2018年、2019年、2020年、2021年の夏に行った。そのうち2021年 8 月22日から 8 月31日までの気温の例を図5.9に示した。

図5.8　自記温度計を設置した里山の木立と芝地

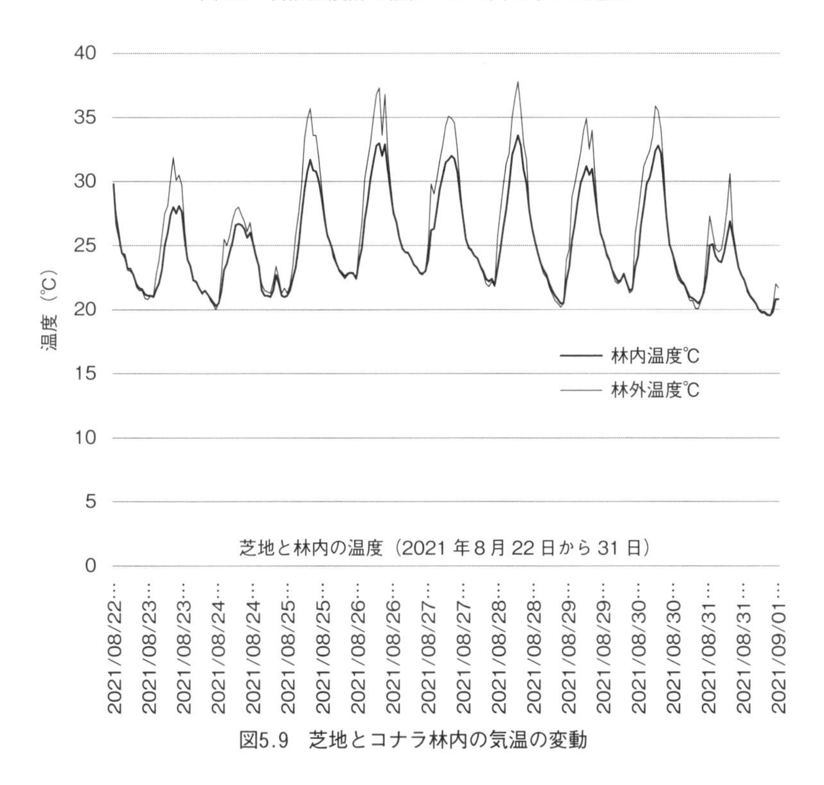


図5.9　芝地とコナラ林内の気温の変動

図5.9をわかりやすく数値にして示すと表5.4のようになる。

林内の気温と近接した芝地の気温の差は、28日の芝地が37.8℃のとき、林内

表5.4　2021年８月25日から31日までの芝地と林内の気温比較

| 日時<br>2021年８月 | 時刻 | 温度（℃） | | 温度差（℃） |
|---|---|---|---|---|
| | | 芝地 | 林内 | |
| 25日 | 13時 | 34.9 | 31.8 | 3.1 |
| 26日 | 14時 | 37.3 | 33 | 4.3 |
| 27日 | 14時 | 35.1 | 31.7 | 3.4 |
| 28日 | 13時 | 37.8 | 33.6 | 4.2 |
| 29日 | 14時 | 34.9 | 31.2 | 3.7 |
| 30日 | 14時 | 35.9 | 32.4 | 3.5 |
| 31日 | 16時 | 30.6 | 26.9 | 3.7 |

では33.6℃と4.2℃ほど低い。この気温差から樹林による気温の冷却があることがわかる。上層の林木が直射日光をさえぎり、樹木の蒸散によって温度を対照（芝地）より平均4.2℃下げる作用をしている。

### 5.2.3　癒しの場としての里山

里山はエネルギーや材を生産するだけではない。それが存在するだけで人々に精神的な癒しを与えるものでもある。例えば、人は植物や野生動物などをそこで観察し精神的な喜びを感ずることができる（図5.10）。私達は日々の暮らしのなかで感ずるストレスを、自然との交感によって癒すことができるだろう。

人間社会と自然との関係は、人の生活の基盤となる物質とエネルギーの自然界との質量変換を通して結びついている。それは社会生活をする人間の精神生活の基盤ともなっているからであると思われる。

図5.10　里山でみかける動物や植物たち（口絵４にカラー写真）

# 引用および参考文献

## 1章　里山の植物群落

Archibold, O. W.（1995）：*Ecology of world Vegetation*, Chapman and Hall, 510p.
Begon, M., Harper, J. L. and Townsend, C. R.（1990）：*Ecology：Individuals, Populations and Communities*, Blackwell Scientific Publication, 945p.
Bran-Blanquet, J.（1964）：*Pflanzensoziologie：Grundzüge der Vegetationskunde*, Springer Verlag, 809p.
Clements, F. C.（1928）：*Plant succession and indicators*, Hafnert New Publishing C., 453p.
林　一六（2003）：『植物生態学：基礎と応用』，古今書院，227p.
堀田　満・大沢雅彦・大場達之・増沢武弘・横浜康継・安田喜憲（1994）：『植物の世界：地球の植物』，朝日新聞社，32p.
福嶋　司・岩瀬　徹（2005）：『日本の植生』，朝倉書店，153p.
Kato, J. and Hayashi, I.（2003）：The Determination and Prediction of Pine to Oak Forest Succession in Sugadaira, Central Japan. *Korean Journal of Ecology*, 26（4）：155-163.
加藤　順・林　一六（2016）：長野県上田市におけるアカマツ林伐採跡地の植生回復とコナラ林の成長．長野県植物会誌，49：17-21.
吉良竜夫（2001）：『森林の環境・森林と環境：地球環境問題へのアプローチ』，新思索社，358p.
丸田恵美子（2012）：『冬の樹木の生理生態学』，岩波出版サービスセンター，144p.
長野県自然保護研究所編（2003）：『里山としての長野市浅川地域』，長野県，158p.
沼田　眞（1948）：『生物学論（岩田好宏編）沼田眞著作集：第2巻』，学報社，124-190.
沼田　眞（1987）：『植物生態学論考』，東海大学出版会，918p.
Odum, E. P.（1971）：*Fundamentals of ecology*, W. B. Saunders Company, 573p.
大原　雅（2015）：『植物生態学』，海游舎，337p.
太田猛彦（2012）：『森林飽和：国土の変貌をかんがえる』，NHK 出版，254p.
佐々木園子編（2012）：『南足柄山地の物語：戦中・戦後の禿山を修復して育った自然林の植物と土壌』，教文社，112p.
田村和也・服部　保・小舘誓治・石田弘明（2000）兵庫県における里山林の地上部現存量．人と自然，11：77-83.
寺島一朗・彦坂幸毅・竹中明夫・大崎　満・大原　雅・可知直毅・甲山隆司・露崎史朗・北山兼弘・小池孝良（2004）：『植物生態学』，朝倉書店，422p.
Walter, H.（1968）：*Die Vegetation der Erde in Öko-physiologischer Betrachtung*, Band I. *Die tropischen und subtropischen Zonen*, Gustav Fischer Verlag, 592p. Band II. *Die gemäßigten und arktischen Zonen*, 1001p.

Whittaker, R. H. (1975)：*Communities and ecosystem*.（宝月欣二訳：生態学概説：生物群集と生態系），培風館，362p.

2章　アカマツ林、コナラ林、ミズナラ林の植生地理

星　直斗・宮本　拓・持田幸良・遠山三樹夫（1998）：小田原市・曽我山の植生：相模湾沿岸の照葉樹林の研究（4）．横浜国立大学教育人間科学部理科教育実習施設研究報告，11：33-52.

Ishibashi, N. (1979)：A phytosociological study on the deciduous broad-leaved secondary forests of the lower part of the cool temperate zone in southwestern Honshu, Japan. 広島大学学校教育学部紀要 第2部，2：101-129.

伊藤秀三（1977）：『群落の組成研究：群落の組成と構造（伊藤編）』，1-75.

吉良竜夫（1948）：温量指数による垂直的な気候帯のわかちかたについて．寒地農学，2：143-173.

気象庁（2001）：『平年値（1971-2000）』，気象業務支援センター，CD-ROM.

van der Maarel, E., Janssen, J. G. M. and Louppen, J. M. W. (1978)：TABORD, a program for structuring phytosociological tables. *Vegetatio*, 3：143-156.

宮脇　昭編（1972）：『神奈川県の現存植生』，神奈川県，789p.

宮脇　昭編（1979）：『長野県の現存植生』，長野県，412p.

宮脇　昭編（1981）：『日本植生誌 2 九州』，至文堂，484p.

宮脇　昭編（1982）：『日本植生誌 3 四国』，至文堂，539p.

宮脇　昭編（1983）：『日本植生誌 4 中国』，至文堂，540p.

宮脇　昭編（1984）：『日本植生誌 5 近畿』，至文堂，596p.

宮脇　昭編（1985）：『日本植生誌 6 中部』，至文堂，604p.

宮脇　昭編（1986）：『日本植生誌 7 関東』，至文堂，641p.

宮脇　昭編（1987）：『日本植生誌 8 東北』，至文堂，605p.

宮脇　昭・藤原一絵・中村幸人・木村雅史（1983a）：産業立地における環境保全林創造の生態学的，植生学的研究．（第1編）植生と植生図，（第2編）環境保全林の創造と発展について．横浜植生学会，85p., 151p.

宮脇　昭・村上雄秀・鈴木伸一・鈴木邦雄・佐々木寧（1981）：広野地区およびその周辺域の植生：福島県南東部の植物社会学的研究．横浜植生学会，160p.

宮脇　昭・奥田重俊・原田　洋・佐々木寧・鈴木邦雄・藤原一絵（1978）：『八幡平（十和田・八幡平国立公園南部）の森林植生，植物生態論集：吉岡邦二博士追悼』，85-106.

宮脇　昭・奥田重俊・佐々木寧・松井　浩・鷹野秀夫・鈴木伸一・塚越優美子・益田康子（1983b）：高畠町の植生：植生調査を基礎とした高畠町の環境保全基本指針．高畠町，116p.

宮脇　昭・佐々木寧（1980）：下北半島周辺の植生．横浜植生学会，256p.

宮脇　昭・鈴木邦雄・藤原一絵・原田　洋・佐々木寧・奥田重俊・中村幸人・右手和夫・大山弘子・井上香世子・箕輪隆一（1977）：『山梨県の植生』，山梨県，237p.

沼田　眞（1966）：草地の状態診断に関する研究II：種類組成による診断．日本草地学会誌，12：29-36.

奥富　清（1975）：『府中市の植生』，府中市，72p.
武田義明・植村　滋・中西　哲（1983）：北海道のミズナラ林について．神戸大学教育学部研究集録，71：105-122.
米倉浩司・梶田　忠（2003-）：BG Plants 和名－学名インデックス（YList）．http://bean.bio.chiba-u.jp/bgplants/ ylist_main.html（2013年９月３日閲覧）
吉野正敏（1986）：『小気候』，地人書館，298p.
吉岡邦二（1958）：『日本松林の生態学的研究』，日本林業技術協会，198p.

## ３章　アカマツ林の生態とミズナラ林への遷移

安藤　貴（1962）：アカマツ天然生除伐試験林の解析－２－．林業試験場研究報告，147：45-77.
Brienen, R. J. W., Caldwell, L., Duchesne, L., Voelkerr, S., Barichivich, J., Baliva, M., Ceccantini, G., Filippo, Di A., Helama, S., Locosselli, G. M., Lopez, L., Piovesan, G., Schöngart, J., Villalba, R. and Gloor, E.（2020）：Forest carbon sink neutralized by pervasive growth-lifespan trade-offs. *Nature communications*, 11：１-10.
千葉喬三・堤　利夫（1967）：森林の土壌呼吸に関する研究（１）：土壌呼吸と気温との関係について．京都大学農学部演習林報告，39：91-99.
Dolezal, J., Song, J. S., Altman, J., Janecek, S., Cerny, T., Srutek, M. and Kolbek, J.（2009）：Tree growth and competition in a post-logging *Quercus mongolica* forest on Mt. Sobaek, South Korea. *Ecological Research*, 24：281-290.
後藤義明・小南裕志・深山貴文・玉井幸治・金澤洋一（2003）：京都府南部地方における広葉樹二次林の地上部現存量及び純生産量．森林総合研究所研究報告，２：115-147.
蜂屋欣二・竹内郁雄・栁秋一延（1989）：高密度のアカマツ林の一次生産の解析．林業試験場報告，354：39-97.
Karizumi, N.（1974）：The mechanism and function of tree root in the process of forest production. I. Method of investigation and estimation of the root biomass. *Bulletin of the Government Forest Experiment Station*, 259：１-99.
Kato, J. and Degawa, Y.（2014）：Relation of mortality to DBH and available area in naturally germinated *Pinus densiflora* populations. *Journal of Ecology and Environment*, 37：105-111.
加藤　順・林　一六（2007）：菅平におけるアカマツ群落の遷移．長野県植物研究会誌，40：１-13.
Kira, T., Ogawa, H. and Sakazaki, N.（1953）：Intraspecific competition among higher plants. I. Competition-yield-density interrelationship in regularly dispersed populations. *Journal of the Institute of Polytechnics, Osaka City University*, D４：１-16.
北村四郎・村田　源（1979）：『原色日本植物図鑑 木本編１・２』，保育社，400p., 545p.
Lin, Y., Berger, U., Grimm, V., Huth, F. and Weiner, J.（2013）：Plant Interactions Alter the Predictions of Metabolic Scaling Theory. *PLoS ONE*, ８（２）：e57612.

牧野富太郎（1951）：牧野日本植物図鑑．北隆館，130p.
Morisita, M.（1959）：Measuring of the dispersion of individuals and analysis of the distributional patterns. *Memoirs of the Faculty of Science, Kyushu University. Series E, Biology*, 2 ：215-235.
中村浩志（1984）：ミズナラ林をつくるのは誰か カケスとドングリの不思議な関係．アニマ，140：22-27.
中屋　耕・小林拓也・池田英史（2005）：新たなフラックス測定手法を用いた森林 $CO_2$ 吸収量の評価．URL：https://criepi.denken.or.jp/intro/nenpo/2005/05juten15.pdf. 2022年７月21日閲覧．
小川房人（1980）：『個体群の構造と機能』，朝倉書店，232p.
岡村行治・小笠原繁男・鈴木　憲・後藤　晋（2000）：広葉樹７種の種子発芽と実生の成長に関する母樹別変異．北海道の林木育種，43：20-23.
大塚俊之・飯村康夫・根岸正弥・杉田和之・廣田　充（2013）：富士北麓劒丸尾溶岩流上に成立したアカマツ林の炭素循環．URL：http://jalps.suiri.tsukuba.ac.jp/files/4813/9417/6514/CC４_2013.pdf. 2022年08月04日閲覧.
Peto, R., Pike, M. C., Armitage, N. E., Breslow, N. E., Cox, D. R., Howard, S. V., Mantel, N., McPherson, K., Peto, J. and Smith, P. G.（1977）：Design and analysis of randomized clinical trials requiring prolonged observation of each patient. II. Analysis and examples. *British Journal of Cancer*, 35：１-39.
林野庁（1983）：『アカマツ人工林林分密度管理図説明書，関東・中部地方』．41p.
関川清広・杉本和永・木村勝彦・中野隆志・鞠子　茂（2000）：富士山北麓の溶岩上に成立するアカマツ林の種組成，林分構造および樹木の年輪生長．玉川大学農学部研究報告，(40)：15-29.
Shidei, T. and Kita, T. *ed.*（1977）*Primary production of Japanese forests：Productivity of terrestrial communities.*（*JIBP Synthesis, v. 16*）. Japanese Committee for the International Biological Program, University of Tokyo Press, 289p.
Tokumasu, S.（1996）：Mycofloral succession on *Pinus densiflora* needles on a moder site. *Mycoscience*, 37：313-321.
徳増征二（1980）：『アカマツの落葉分解に関与する菌類の観察 微生物の生態 ７：技術論をめぐって』．微生物生態研究会編，129-144.
渡邉仁志・井川原弘一・大洞智宏・横井秀一・中川　一（2008）：未熟な土壌条件下における若齢針葉樹人工林の炭素・窒素貯留量．岐阜県森林研究所研究報告，37：１-10.
渡邉仁志・茂木靖和・大洞智宏（2004）：適潤性褐色森林土壌における壮齢アカマツ人工林の炭素貯留量．岐阜県森林科学研究所研究報告，33：13-18.
山場淳史（2007）：広島県の森林における主要樹種の地下部バイオマス量の推定．広島県林業技術センター研究報告，39：23-30.
Yoda, K., Kira, T., Ogawa, H. and Hozumi, K.（1963）：Self thinning in overcrowded pure stands under cultivated and natural conditions. *Journal of Biology, Osaka City University*, 14：107-29.

### 4章　アカマツ林伐採跡地の植生回復とコナラ林への遷移

林　一六（2003）：『植物生態学：基礎と応用』，古今書院，227p.

元村　勲（1932）：群衆の統計的取扱に就いて．動物学雑誌，44巻528号：379-383.

沼田　眞・延原　肇・鈴木啓祐（1953）：植物群落と等比級数法則．植物生態学界報，3巻3号：89-94.

Kato, J. and Hayashi, I.（2003）：The Determination and Prediction of Pine to Oak Forest Succession in Sugadaira, Central Japan. *Korean Journal of Ecology*, 26（4）：155-163.

加藤　順・林　一六（2016）：長野県上田市におけるアカマツ林伐採跡地の植生回復とコナラ林の成長．長野県植物研究会誌，49：17-21.

田村和也・服部　保・小舘誓治・石田弘明（2000）：兵庫県における里山林の地上部現存量．人と自然，11：77-83.

### 5章　コナラ林の生態系

林　一六（2003）：『植物生態学：基礎と応用』，古今書院，224p.

林　一六（2015）：里山から電気を：森林発電システムの実証．日本熱電学会誌，12（2）：31-32.

日本セラミックス協会・日本熱電学会編（2005）：『熱電変換材料』，日刊工業新聞社，288p.

Shidei, T. and Kita, T. *ed.*（1977）：*Primary production of Japanese forest-Productivity of terrestrial communities.* JIBP Synthesis, University of Tokyo Press, 289p.

Takahashi, Y. and Hayashi, I.（1987）：An experimental study on the development of herbaceous communities in Sugadaira, central Japan. *Japanese Journal of Ecology*, 28：215-230.

田坂英紀（2007）：『燃焼工学：現象から学ぶ』，森北出版，166p.

山場淳史・渡邉園子・斉藤一郎・中越信和（2009）：ボランテイア団体による木質バイオマス活用を目的としたマツ型里山保全活動を支援するための技術的検討と合意形成過程．景観生態学，14（1）：73-81.

### 表5.1を作成するために参照した文献

安藤　貴・坂口勝美・成田忠範・佐藤昭敏（1962）：アカマツ天然生除伐試験林の解析（第1報）生育過程と相対生長．林業試験場研究報告，144：1-30.

壇浦正子・鈴木麻友美・小南裕志・後藤義明・金沢洋一（2006）：京都府南部の広葉樹二次林における根現存量および根表面積．日本森林学会誌，88：120-125.

後藤義明・小南裕志・深山貴文・玉井幸治・金澤洋一（2003）：京都府南部地方における広葉樹二次林の地上部現存量及び純生産量．森林総合研究所研究報告，2：115-147.

Hagihara, A., Yokota, T. and Ogawa, K.（1993）：Allometic relations in Hinoki（*Chamaecyparis obtusa*）trees. *Bulletin of the Nagoya University Forests*, 12：11-29.

橋詰隼人・伊藤　賢（1991）：ヤシャブシ幼齢林の地上部現存量，生産構造及び土壌の肥沃度について．広葉樹研究，6：79-90.
生嶋　功（1964）：『丹沢大山学術調査報告書：国立公園協会（編）』，神奈川県，477p.
石井　洋・只木良也（2000）：名古屋大学構内広葉樹二次林の構造と現存量．名古屋大学森林科学研究，19：197-200.
金澤洋一・上村真由子・福井美帆（2009）：アベマキ・コナラ薪炭林の10年周期による供給可能な薪エネルギー量．景観生態学，13：105-111.
片桐成夫・石井　弘・三宅　登・安東義朗（1984）：三瓶演習林内の落葉広葉樹林における物質循環に関する研究（XII），斜面位置による地上部現存量の相違．島根大学農学部研究報告，18：53-60.
小見山章・加藤正吾・二宮生夫（2002）：岐阜県飛騨地方における落葉広葉樹林の相対成長関係．日本林学会誌，84：130-134.
小谷二郎（2008）：若齢ブナ人工林の現存量と生産力の推定．石川県林業試験場研究報告，40：12-16.
Miyakuni, K., Heriyanto, N. M., Heriansyah, I., Imanuddin, R. and Kiyono, Y. (2005)：Allometric equations and parameters for estimating the biomass of planted *Pinus merkusii* Jungh. et de Vr. Forests. *Japanese journal of forest environment*, 47：95-104.
根岸賢一郎・鈴木　誠・佐倉詔夫・丹下　健・鈴木貞夫・斯波義宏（1988）：スギ幼齢林における地上部現存量の経年変化．東京大学農学部演習林報告，78：31-57.
Satoo, T. (1968)：Primary Production and Distribution of Produced Dry Matter in a Plantation of *Cinnamomum camphora*：Materials for the studies of growth in stands. *Bulletin of the Tokyo University Forests*, 64：241-275.
佐藤孝幸・渡辺隆一（2005）：長野県北部におけるシラカンバ *Betula platyphylla* var. *japonica* の肥大生長．信州大学教育学部附属志賀自然教育研究施設研究業績，42：7-11.
只木良也（1995）：立木密度の違うコジイ幼齢林の構造と物質生産．名古屋大学農学部演習林報告，14：1-24.
Takahashi, K., Yoshida, K., Suzuki, M., Seino, T., Tani, T., Tashiro, N., Ishii, T., Sugata, S., Fujio, E., Naniwa, A., Kudo, G., Hiura, T. and Kohyama, T. (1999)：Stand Biomass, Net Production and Canopy Structure in a Secondary Deciduous Broad-leaved Forest, Northern Japan. *Research Bulletin of the Hokkaido University Forests*, 56：70-85.
渡邉仁志・井川原弘一・大洞智宏・横井秀一・中川　一（2008）：未熟な土壌条件下における若齢針葉樹人工林の炭素・窒素貯留量．岐阜県森林研究所研究報告，37：1-10.
渡邉仁志・茂木靖和（2005）：壮齢スギ、ヒノキ人工林における林分の炭素貯留量．岐阜県森林科学研究所研究報告，34：11-16.
渡邉仁志・茂木靖和（2007）：92 年生スギ人工林における成長経過と現存量．岐阜県森林研究所研究報告，36：1-7.

渡邉仁志・茂木靖和・大洞智宏（2004）：適潤性褐色森林土壌における壮齢アカマツ人工林の炭素貯留量．岐阜県森林科学研究所研究報告，33：13-18.
渡辺忠雄・八木喜徳郎（1984）：シラカシモデル林分の地上部現存量とその垂直分布．演習林，23：105-116.
Watanabe, T. and Yagi, K. (1986)：Above-ground biomass and its vertical distribution of a young *Quercus serrata* plantation. *Bulletin of the Tokyo University Forests*, 74：165-174.
山場淳史（2007）：広島県の森林における主要樹種の地下部バイオマス量の推定．広島県立林業技術センター研究報告，39：23-30.
安井 鈎・藤江 勲・山本充男（1983）：択伐方式によるシラカシ薪炭林の生産機構に関する研究；第10報 下山佐固定試験地の第５経理期における現存量．島根大学農学部研究報告，17：29-33.

# 索　引


APG I　23
ecosystem　99

【あ行】

アイデルタ　62，64
アカマツ優占種群落　38
亜寒帯常緑針葉樹林　14
亜寒帯常緑針葉樹林帯　14
亜高木層　74
暖かさの指数　22，23
亜熱帯常緑広葉樹林帯　14
アメダス　24
アロメトリー　102
異質性　40
イタジイ　14
一次遷移　16，21，85
一次林　14
一年生草本　16
イネ科多年生草本　16
ウルシ属　26，51
エゾマツ　14
越年生草本　16
L字型　79
応用生態学　100
オケラ属　38

【か行】

階層構造　75
カエデ属　51
攪乱　57
カケス　56，74
風散布型高木　16
カバノキ属　38
ガマズミ属　26，30，51
カマツカ属　51
乾燥重量　102
気温低減率　24
寄与　50
胸高直径　56，58
競争　57
極相　16
極相種　16
距離　41，49，51
近似式　61
菌類群集　73
クスノキ属　38
クリ属　51
群度　23
群落間の距離　41
群落現存量の測定方法　101
群落種類組成表　105
群落組成の類似性　37
群落単位説　18
群落の回復過程　85
群落の遷移　16
堅果　56
原始林　14
高木層　74
コシダ属　38
個体群　15，89
個体識別　87，104
固定調査枠　87
コナラ－クヌギ林　86
コナラ属　26，40
固有性　38，39，51

【さ行】

サクラ属　26，36
里山　16
里山林　21
里山林生態系　100
シイノキ　14
自己間引き　57，58，109
集中　64
集中分布　62
樹冠層　81
樹高　59
樹高－順位構造　89
出現頻度　22，24，26，46
種類組成　21，74
常緑広葉樹林帯　14
常緑樹　47
食害量　101
植生　14
植生回復　86
植生分布　14
植物群落　15
植物個体群　57

資料標本　102
新鮮資料　102
薪炭林　104
侵入　56
森林限界　16
スゲ属　26，30
ススキ属　26，30
スノキ属　26，30
正規分布　59
生産器官　99
生存率　80
生態学的解決　114
生態系　19，99
生態系生態学　19
生態系の一次生産量　100
生態的制限　113
生態的地位　22
成長式　61
成長予測式　96
成長量　101
ゼーベックの原理　113
絶対乾燥資料　102
遷移　21，56，57，85
遷移段階　16
相観的　40
相互関係　56
相対成長式　102
相対成長率　59
草本層　74
属組成　22
ソバカズラ属　38

【た行】

地下部乾燥重量　68
地上部乾燥重量　67
地上部現存量　84，87，107
貯食　55，74，86
直径－個体重量関係　87
直径～地上部個体重量　83
ツクバネウツギ属　51
ツツジ属　26，29
定着　56
低木　16
低木層　74
電気エネルギー　110
同位種　22
等比級数的　83
動物散布型高木　16
土壌呼吸　71，101，110
土壌動物　100
土壌微生物の呼吸　109
トドマツ　14
どんぐり　56

【な行】

二酸化炭素　100
二酸化炭素の貯蔵庫　73
二次遷移　16，21，85
二次林　14
熱電発電　113
年間リター量　70
年齢構成　79

【は行】

微生物群集　110
被度　23
微分方程式　96
広葉多年生草本　16
ブナ　14
分散　56
分散状態　61
分布　21
平均成長率　81
偏在性　38，39

【ま行】

－3/2乗則　65
密度依存　58
モチノキ属　26，30

【や行】

ヤマハギ上種　22
優占種　23，40
ゆらぎ　51

【ら行】

落葉広葉樹林帯　14
落葉樹　47
ランダム　64
ランダム分布　62
リチウムイオン蓄電池　113
立地　87

立地空間の環境　21
立地の時間経過　21
類似性　40
類似度　37, 42
類似度指数　37, 38, 49
冷温帯　15
レギュラー　64
レギュラー分布　62
連続体説　18
ロジスチック曲線　58
ロジスチック式　90, 96

【著者略歴】


**加藤　順（かとう　じゅん）**

1951年　神奈川県生まれ

大阪市立大学・院　修士卒業

専門　生態学

農学博士

所属　長野県佐久市昆虫体験学習館

**林　一六（はやし　いちろく）**

1939年　長野県生まれ

東京教育大学（現筑波大学）・院　修士卒業

専門　生態学

理学博士

著書　「植物生態学－基礎と応用－」（2003年、古今書院）

# 里山の植物生態学

2023年 2 月 1 日　初版　第 1 刷発行

著　者　加藤　順
　　　　林　一六
発行所　株式会社全国農村教育協会
　　　　東京都台東区台東1-26-6　〒110-0016
　　　　電話03-3839-9160（営業）　FAX03-3833-1665
　　　　http://www.zennokyo.co.jp
　　　　hon@zennokyo.co.jp
印　刷　三松堂株式会社


ISBN978-4-88137-203-6 C3045